投入品对耕地质量安全性评价

农业农村部耕地质量监测保护中心　编著

中国农业出版社

北　京

内 容 提 要

　　《投入品对耕地质量安全性评价》是一部介绍国内外耕地相关投入品利用现状、相关法律法规、典型投入品对耕地质量影响的综合类书籍。全书共分为五章，第一章为总论，系统介绍了国内外对耕地投入品的定义、分类、相关管理制度与法律法规等。其他四章分别介绍了有机肥料、土壤调理剂、除草剂、农用地膜4种典型投入品的利用现状、国内外研究进展、对耕地质量安全性影响及相关试验案例分析等。

　　本书由农业农村部耕地质量监测保护中心联合华南农业大学、中国农业科学院农业资源与农业区划研究所、黑龙江省黑土保护利用研究院、甘肃省农业科学院等共同编写。参编单位多年来一直关注投入品对耕地质量的作用，并就不同类型投入品开展了长期试验研究，以比较丰富的试验数据作支撑，分析评价投入品对耕地质量的影响。

　　本书可以对投入品规范化利用和监管制度设计等提供思路与参考。

编　委　会

前　言

　　耕地投入品和农业废弃物料是重要的农业生产资料和可循环利用资源。一方面，因为我国特有的国情、农情和土情，耕地投入品和废弃物利用量近些年逐年增长，总量居高不下，为保障国家粮食安全和农产品供给发挥了重要支撑作用；另一方面，新形势下要求加快推进"藏粮于地"战略实施和生态文明体制建设，以及耕地"三位一体"保护，投入品和废弃物大量长期不科学投入利用对耕地质量、农产品质量安全和农业生态安全造成了比较大的威胁与潜在隐患，这需要引起关注与重视。在此背景下，摸清投入品管理利用现状，探索投入品安全性监测评价机制与方法，履行好耕地质量建设保护和投入品监管职责，责任重大、意义深远。

　　我国投入品安全性监管存在着以下3个问题，一是作为商品化的肥料、农药等耕地投入品，其安全性监督管理所占的角度仅仅站在商品本身的立场上，提出了一系列标准规范，然而立足耕地，探究投入品长期施用对耕地影响效应的工作比较匮乏。二是非商品化的耕地投入品（物）在农业生产中的投入量也占有较大比重，然而针对非商品的耕地投入品（物）的安全性监测评价在我国现有的投入品监管体系中是完全缺失的。三是目前针对耕地投入品的安全性监测评价方法，大多零散地分布在各类投入品的质量管理体系中，缺乏统一规范。

　　本书从耕地质量的角度出发，重点关注耕地相关投入品使用后的安全性问题，立题新颖。通过摸清耕地相关投入品（物）品类，建立典型耕地投入品的清单名录，为开展安全性监测评价工作提供帮助。以此为基础，分类介绍投入品的发展趋势和应用现状，提出现阶段典型投入品常常被忽视的安全性风险问题。同时，通过各个编写单位多年来积累的不同类型投入品的长期试验案例，以试验数据作为支撑，从针对耕地质量的安全性，延伸到了投入品对生态环境质量和农产品质量安全性的影响。

　　本书立足科研前沿，结合各编写单位的研究工作案例，展示了一些创新性的研究成果，提出有亮点的结论和学术观点，如不同投入品的安全性评价指标和各个指标的风险阈值等。

编　者

2023 年 10 月

目 录

第一章 总 论

第一节 耕地投入品的概述

一、耕地投入品概念与内涵

农业投入品是农业生产的物质基础，在农业生产全过程中广泛使用，是影响农业生产以及农产品产量与质量安全的重要因素。农业投入品是指在农业生产过程中使用或添加的物质，它包括肥料、农药、农膜、兽药、种子种苗、种畜禽、饲料和饲料添加剂、器械机具等一系列农用生产资料产品。农业投入品具有范围广、种类多、对农业生产有用有效等特点，是农业生产重要的物质保障。

本书所称耕地投入品是农业投入品中的一大类，特指对耕地理化性质改造或者在农业生产过程中使用或者添加的物资物料，对培肥耕地地力、提升耕地生产能力与保护农业生态环境安全发挥着重要作用。目前，耕地投入品使用不当已成为农业面源污染的来源之一，加强耕地投入品监管是实现化肥减量增效的重要措施，是控制农业面源污染的关键。

随着人们温饱问题得到逐渐解决后，我国经济社会进入新的发展阶段，人们除了重视耕地投入品有效性，关注农业高产外，越来越关注农产品质量安全和环境安全，但对耕地投入品安全使用问题仍然重视不够。

我国特有的国情、土情，一方面需要大量使用耕地投入品满足日益增长的农产品数量刚性需求，另一方面耕地投入品大量使用可能引发耕地质量、农产品质量安全与农业生态环境安全问题，这是一对复杂矛盾。如何科学认识和有效解决这个矛盾，如何科学合理与安全使用耕地投入品不只是一个科学技术问题，也是一个行业管理与战略决策问题，是一个需要社会各界关注与探索解决的重要问题。

二、耕地投入品范围与分类

耕地投入品作为农业生产的投入物资，主要可分为化学肥料、有机肥料、生物肥料、农药、土壤调理剂及农膜等。

（一）化学肥料

化肥根据其形态和功能的不同，分为单质化肥、复合化肥、缓控释肥和水溶性肥料。

1. 单质化肥 只含有一种可标明含量的营养元素的化肥称为单质肥料，如氮肥、磷肥、钾肥以及中量元素肥料和微量元素肥料。常见的有尿素、过磷酸钙、氯化钾、钙镁磷肥、硅酸钠、氯化锰等。

2. 复合肥 含有两种或两种以上营养元素的化肥，且产品的单一养分中氮、磷、钾含量不应小于 4.0%，单一养分测定值与标明值负偏差的绝对值不应大于 1.5%。具有养分含量高，副成分少且物理性状好等优点，对于平衡施肥，提高肥料利用率，促进作物高产、稳产发挥重要作用。常见的有磷酸铵、磷酸二氢钾、尿素磷铵、三元复合肥料等。

3. 缓控释肥料　缓控释肥料是利用物理、化学、生物等技术手段，延缓、控制肥料养分在土壤中的释放速率，使其养分按照植物生长过程各个阶段的养分需求控制释放的一类肥料的总称。缓控释肥根据养分控释途径将缓控释肥划分为化学合成微溶型、生化抑制剂型、物理阻碍型3种。

化学合成微溶型常见的有脲醛肥料（Ureaform）、异丁叉二脲（IBDU）、丁烯叉二脲（CDU）等；生化抑制剂型可分为脲酶抑制剂和硝化抑制剂2类，脲酶抑制剂的产品有氢醌（HQ）、N-丁基硫代磷酰三胺（nBPT）、邻-苯基磷酰二胺（PPD）、硫代磷酰三胺（TPTA）、环己基磷酸三胺（CHPT）等，硝化抑制剂主要产品有吡啶、嘧啶硫脲噻唑等衍生物以及叠氮化钾、氯苯异硫氰酸盐、六氯乙烷、五氯酚钠等；物理阻碍型包括硫包膜尿素（SCU）、聚氨酯包膜（PCU）、聚合物包硫尿素（PSCU）和肥包肥（CCF）等，物理阻碍型材料类型分为无机物和有机聚合物，无机物包括硫磺、黏土、钙镁磷肥、氧化镁、石膏、磷酸盐、硅酸盐、腐殖酸、高岭土、膨润土和滑石粉，有机聚合物包括淀粉、纤维素、木质素、天然橡胶、植物胶、动物胶等。

"十五"期间科技部将环境友好型缓控释肥料研究列为"863计划"之一，"国家中长期科学和技术发展规划纲要（2006—2020年）"研发新型环保肥料、缓控释肥料等列为优先发展的主题之一。2000年以后，是缓控释肥快速发展阶段，树脂包衣、硫包衣、脲醛类、生化抑制剂稳定性肥料等陆续研制成功，并实现产业化。截至2017年，我国从事缓控施肥研究的科研机构有30余家，从事产业化开发和推广应用的单位有70余家，已成功将缓控释肥产品销售到许多发达国家。

物理阻碍型缓控肥是当前主流的缓控释肥料，占缓控释肥料市场的95%。但使用缓控释肥料又有一定的风险，在缺少水分的情况下，养分无法有效释放，导致作物因无法吸收有效养分而影响长势，造成作物减产。长期施用包膜缓控释肥料，树脂包膜材料没有肥效，降解慢，会对土壤造成污染。

4. 水溶性肥料　水溶性肥料（Water Soluble Fertilizer），俗称水溶肥，是一种可以完全溶于水的多元复合肥料，它能迅速地溶解于水中，更容易被作物吸收，而且其吸收利用率相对较高，更为重要的是它可以应用于喷滴灌等设施农业，实现水肥一体化，达到省水、省肥、省工的效能。适用于果树类、设施栽培类、蔬菜瓜类、大田经济作物。水溶性肥料分为大量元素水溶肥料、中量元素水溶肥料、微量元素水溶肥料、有机水溶肥料、含腐殖酸水溶肥料、含氨基酸水溶肥料等。

2010年以后，国家对水肥一体化技术的推广和"十二五"规划以及2011年的中央1号文件，都为发展水溶性肥料提供了良好的机遇，我国水溶性肥料产业进入快速发展阶段。截至2019年5月，水溶肥产品登记数量达12 644个，占肥料登记总数的66%。

（二）有机肥料

有机肥料是指一切含有大量有机质肥源的总称，主要来源于动植物，由生物物质、动植物废弃物、植物残体等加工而来，消除了其中的有毒有害物质，富含大量有益物质，施于土壤以提供植物营养为其主要功能。

有机肥料的材料来源很多，有机肥主要来源于动植物和生活废物，一般包括厩肥、人粪尿、绿肥、堆沤肥、泥炭、腐殖酸类肥料、饼肥、土杂肥、还田的作物秸秆以及各种有机废弃物等。具体可以分为以下几类：

1. 农业废弃物 如秸秆、豆粕、棉粕等。

2. 畜禽粪便 如鸡粪、牛羊马粪、兔粪。

3. 工业废弃物 如酒糟、醋糟、木薯渣、糖渣、糠醛渣等。

4. 生活垃圾 如餐厨垃圾等。

5. 城市污泥 如河道淤泥、下水道淤泥等。

有机肥料还可分为商品有机肥、畜禽粪便类、工/农业副产品。商品有机肥是指厂家按一定标准生产，以动植物残体（如畜禽粪便、农作物秸秆等）为来源，经无害化处理、完全腐熟、虫卵死亡率达到95％以上的商品化产品。

（三）生物肥料

生物肥料分为微生物菌剂、复合微生物肥料、生物有机肥。

1. 微生物菌剂 微生物菌剂是指用已知的有益微生物经液体发酵生产而成的液体活菌制品，或菌液经无菌载体吸附而成的固体活菌制品。微生物菌剂包括固氮菌剂、根瘤菌菌剂、硅酸盐菌剂、溶磷菌剂、光合细菌菌剂、有机物料腐熟剂、符合菌剂、内生菌根菌剂、生物修复菌剂等。

2. 复合微生物肥料 复合微生物肥料是指特定微生物与营养物质复合而成，能提供、保持或改善植物营养，提高农产品产量或改善农产品品质的活体微生物制品。

3. 生物有机肥 生物有机肥是指农业和畜牧业的废弃物经有益微生物发酵、加工而成的有机肥料，称为生物有机肥料，且含大量有机质和大量活的有益微生物及微生物代谢产物。

（四）土壤调理剂

土壤调理剂是指加入土壤中用于改善土壤物理、化学和/或生物性状的物料，适用于改良土壤结构、降低土壤盐碱危害、调节土壤酸碱度、改善土壤水分状况或修复污染土壤等。

根据土壤调理剂的主要成分和生产原料划分，可将其分为天然材料改良剂、人工提取或合成改良、天然—合成共聚物改良剂、固体废弃物改良剂、生物改良剂五类。

1. 天然材料改良剂 是由自然界中天然存在的物料制备而成，主要包括天然矿物、天然提取高分子化合物、天然有机质物料等。

2. 人工提取或合成改良剂 是由人工技术制备的一类非天然改良剂，如壳聚糖、聚丙烯酰胺等。

3. 天然—合成共聚物改良剂 是指将天然与人工制备的单体材料进行聚合反应得到的天然—合成共聚物改良剂，对障碍土壤也可起到很好的改良作用，常见的有腐殖酸—聚丙烯酸、纤维素—丙烯酰胺等。

4. 固体废弃物改良剂 一般可分为无机和有机两类，无机类包括粉煤灰、高炉渣、脱硫废弃物等，有机类包括城市污水、作物秸秆、畜禽粪便等。

5. 生物改良剂 通过微生物或动物也可对障碍土壤进行改良，例如微生物菌剂、蚯蚯等。

此外根据其组成成分，土壤调理剂可分为石灰类、磷酸盐类、硅酸盐类、金属及其氧化物类、无机废弃物类、有机废弃物类、含碳类、有机酸类和表面活性剂共9类。

土壤的障碍特性是影响土壤肥力和植物生长的关键因素，而土壤调理剂是改良障碍土壤的重要生产资料。在肥料登记与备案中，土壤调理剂适用的土壤范围主要包括酸性/酸化土壤、盐碱土壤、碱性/碱化土壤、盐化土壤、结构障碍土壤、黏性/沙性土壤及砷/镉污染水稻土等。土壤调理剂产业发展反映了矿产资源开发、废弃物循环利用、耕地质量保护、农产品质量安全等多领域综合技术水准。

（五）农药

农药是用来预防、消灭或控制危害农业及其产品的病、虫、草和其他有害生物以及有目的地调节植物、昆虫生长发育的化学合成物质。

根据其成分不同，农药有以下几种分类：

1. 按材料来源 分为无机农药、有机农药、生物农药。

2. 按防治对象 分为杀虫剂、杀菌剂、除草剂、植物生长调节剂、杀螨剂、杀鼠剂和杀线虫剂。

3. 按作用方式 分为触杀剂、胃毒剂、内吸剂、熏蒸剂、拒食剂、引诱剂和不育剂。

下面主要介绍杀虫剂、杀菌剂和除草剂。

（1）杀虫剂 杀虫（螨）剂主要是用于防治害虫（或者螨虫）的农药。某种杀虫剂可用于防治卫生害虫、畜禽体内外寄生虫以及危害工业原料及其产品的害虫。按其组成成分可分为有机磷类、氨基甲酸酯类、有机氮类、拟除虫菊酯类、有机氯类、有机氟、无机杀虫剂、植物性杀虫剂、微生物杀虫剂、昆虫生长调节剂、昆虫行为调节剂11类。

（2）杀菌剂 杀菌剂泛指在一定剂量或者浓度下，具有杀死植物病原菌或行抑制其生长发育的农药。杀菌剂根据其成分主要分为有机硫类、有机磷酸酯类、有机砷类、有机锡类、苯类、杂环类、无机杀菌剂、微生物杀菌剂8类。

（3）除草剂 除草剂泛指用于消灭或控制杂草生长的农药。适用范围包括农田、苗圃、林地、花卉园林及一些非耕地。除草剂按其化学成分可分为酰胺类、二硝基苯胺类、氨基甲酸酯类、脲类、酚类、二苯醚类、三氮苯类、苯氧羧酸类、有机磷类、杂环类10类。

①酰胺类除草剂是生产中应用较为广泛的一类除草剂，可以用于玉米、花生、大豆、棉花等多种作物，防除一年生禾本科杂草和部分阔叶杂草，由于该类药剂杀草谱广、效果突出、价格低廉、施用方便等优点，在生产中推广应用面积逐渐扩大。除草效果受土壤湿度影响较大，干旱条件下不利于药效的发挥，除草效果差，当施药后遇雨水田间积水，易产生药害。如异丙甲草胺、乙草胺、丙草胺等。

②二硝基苯胺类除草剂是一种重要的选择性芽前除草剂，广泛用于大豆、大麦、蔬菜及水果等作物，其结构通式为2,6-二硝基苯胺。由于该类除草剂杀草谱广、除草效果稳定，在世界范围内得到了广泛应用。如氟乐灵、地乐胺、除草通等。

③氨基甲酸酯类除草剂是在发现苯胺灵的除草活性后逐渐开发出来的。氨基甲酸酯土壤处理剂主要通过植物的幼根和芽吸收，叶面处理剂通过茎叶吸收。由于除草剂品种不

同，植物体内的传导性也有所不同。有些品种，如磺草灵，可以在植物体内上下传导，而甜菜宁和甜菜灵的传导性很差。氨基甲酸酯中双氨基甲酸酯除草剂的作用机制是抑制光合作用系统Ⅱ电子传输。其他除草剂的作用机制主要是抑制分生组织中的细胞分裂。氨基甲酸酯除草剂挥发性强，在旱田施用必须混土处理，在水田施用必须毒土处理。杀草谱窄，主要防除禾本科杂草。

④脲类除草剂活性极高，每公顷的有效成分使用量仅以克计，是超高效的农药品种。其具有除草谱广，选择性强和使用方便等特点。同时对哺乳动物安全，环境中易分解，但是部分品种在土壤中的持效期较长，可能会对后茬作物产生药害。连续使用易诱发杂草产生抗药性，抗药性问题是脲类除草剂发展的一大障碍。

⑤酚类除草剂包括五氯酚（钠）、二硝酚、地乐酚、戊硝酚、特乐酚、特乐酯及禾草灭等共计8种，其中二硝酚、特乐酚为高等毒性，其余均属于中等毒性除草剂。五氯酚对鱼贝类有毒，因而被定为污染水质的农药，目前使用五氯酚钠，其用量已很小。其为触杀型灭生性除草剂，主要防除稗草和其他多种由种子萌发的幼草，如鸭舌草、瓜皮草、狗尾草、马唐、看麦娘、蓼等；还可消灭钉螺、蚂蟥等有害生物。

⑥二苯醚类除草剂是在酚类除草剂基础上发展起来的旱田选择性除草剂。后来日本又将除草醚成功地利用于水稻田除草，并于1966年开发对水稻安全的草枯醚。主要用于防除冬小麦、大麦田阔叶杂草如猪殃殃、苍耳等，其作用机理是抑制光合作用，使叶绿素合成受阻，从而导致杂草叶片枯萎死亡。这类除草剂作用速度快，且稍有药害，但通常不影响作物产量，对后茬作物安全。由于二苯醚类除草剂大多对鱼贝低毒，且具有较高的生物活性，曾在我国及日本大面积应用。近年来部分品种因为对环境毒性而在欧美被禁用。

⑦三氮苯类除草剂以莠去津的产量最大。这类药剂的水溶性以"通"类最大，"净"类次之，"津"类最小。大部三氮苯类除草剂的性质较稳定，故具有较长的持效期，对人畜低毒，对鱼类毒性也很小。都有内吸传导作用，土壤处理后能很快被根部吸收，在木质部随蒸腾流向上输导至叶片，而自叶片吸收的药剂基本上不输导，其中西马津等"津"类除草剂是靠根部吸收的，只有莠去津从叶面吸收的能力较强。扑草净等"净"类则较容易从根、茎、叶部吸收，作用迅速，除草活性较强，对刚出土的杂草杀伤力大。在土壤中较易分解，故残效期较短，一般1～2个月。"通"类的水溶性最大，除草活性也大，但选择性差，其突出优点是杀草谱广，用量极少。

⑧苯氧羧酸类除草剂是投入商业生产的第一代选择性除草剂，由于在苯环上取代基和取代位置不同，以及羧酸的碳原子数目不同，形成了不同的苯氧羧酸类除草剂品种。目前在我国广泛使用的苯氧羧酸类除草剂有2,4-滴和2甲4氯两个系列。该类除草剂主要用作茎叶处理剂，施用于禾谷类作物田、针叶树林、非耕地、牧草场、草坪等，防除一年生和多年生的阔叶杂草，如苋、苍耳、田旋花、马齿苋、播娘蒿等。苯氧羧酸除草剂的极性特征使得它很容易溶解于地表水中，并迅速扩散，导致周围环境的大面积污染，进而严重威胁人类健康。

⑨有机磷除草剂是一类由亚磷酸酯、硫代磷酸酯或含磷杂环有机化合物构成的除草剂。该除草剂品种的选择性都比较差，往往作为灭生性除草剂而用于林业、果园、非农田及免耕田，其杀草谱比较广，一些品种如草甘膦、双丙胺磷、草丁膦等不仅防治一年生杂

草，而且还能防治多年生杂草。有机磷农药能对人的神经产生毒害，主要抑制体内的胆碱酯酶，使在神经连接点到实现神经传递作用中产生的乙酰胆碱，不能水解为无毒的乙酸及胆碱，从而造成乙酰胆碱在体内大量积聚而引起乙酰胆碱的中毒。

⑩杂环类除草剂主要分为两大类：一类为五元含氮杂环化合物，包括杀草强、吡唑类、咪唑啉酮类等；另一类为六元环化合物，包括联吡啶类化合物和其他六元含氮化合物等。杂环类除草剂属于低毒农药，对人畜安全。在环境中残留时间短，对后茬作物无毒害，对水稻、玉米、小麦、大麦等禾本科作物敏感。喷药时应注意勿随风飘到敏感作物上，以免造成药害。

（六）农膜

农膜通常是透明或黑色聚乙烯（PE）薄膜，用于农田覆盖，具有提高土壤温度，保持土壤水分，维持土壤结构，防止害虫侵袭作物和某些微生物引起的病害，促进植物生长等功能。

农膜主要有以下几种分类方法：

根据用途不同，农膜可分为棚膜和地膜。棚膜指用于各种大棚温室覆盖的农膜，这种农膜要求有较高的机械强度，能够反复使用；地膜指用于地面覆盖的农膜。

根据化学组成不同，常用农膜有聚乙烯和聚氯乙烯两种农膜。聚乙烯（PE）农膜是由聚乙烯树脂加工制成，又可分为低密度聚乙烯（LDPE）、线性低密度聚乙烯（L-LDPE）、高密度聚乙烯（HDPE）3种膜。聚氯乙烯（PVC）农膜是由聚氯乙烯树脂加工而成。此外还有聚苯烯（PP）膜、醋酸乙烯（EVC）膜。

根据加工方法不同，农膜可分为压延膜和吹塑膜。压延膜指薄膜形成时用压延机组使树脂展开成膜，其厚度常大于0.1mm；吹塑膜指成型时，用空气吹胀树脂，经牵引成膜，这种工艺可用于生产各种厚度的薄膜。

农膜在生产中应用广泛，已成为农作物大幅提高产量，提早成熟，改善品质的有效技术措施。它对克服农业生产受低温、干旱、无霜期短等不利自然因素的影响具有特殊意义。

三、我国投入品法律法规及标准体系建设

我国对于耕地投入品的监管有两层含义，一层是指社会公共机构或个人为了维护耕地投入品的生产与市场经营秩序，依据法律和社会规范进行干预和控制；另一层是指政府机构作为耕地投入品质量安全监管主体，为实现投入品产业健康发展，对投入品的生产、流通和消费全过程进行的监督管理。

耕地投入品监管的目的就是通过政府或者社会群体团体等实施一系列监管监督行为，以求达到市场上的投入品从源头到终端都处于监管之下，使得投入品一直处于安全状态，不会因为某一个环节监管疏漏导致安全隐患。

（一）投入品法律法规建设现状

2016年以来，我国颁布了多部有关投入品的法律法规以及配套规章制度，比如《农药登记管理办法》、《农药生产许可管理办法》等。另外，在《农业法》、《种子法》、《食品安全法》中都有投入品管理条文，说明我国对投入品管理高度重视。

《中华人民共和国农产品质量安全法》中建立了投入品安全使用制度，对投入品安全期和休药期进行监督检查，对国家明令禁止的投入品，不得在农产品成长过程中、生产过程中以及流通过程中使用，从一定程度上保证了农产品的安全。另外还对违法性使用投入品的有关责任人的法律责任进行了规定。还针对产品的范围、对象、环境及需要调整的方向，要求科学合理地使用投入品。

2015 年修订的《食品安全法》规定了使用投入品备案制度，完善投入品的全过程监管，补充和完善投入品监管制度，并对农产品安全坚持"预防、控制、治理"的原则，即对投入品会造成的副作用进行预防，对投入品产生的各种风险进行社会和国家的双重监督，对风险进行管控，力求通过完备的监管制度对投入品的滥用现象予以遏制。

2017 年修订实施的《农药管理条例》（以下简称《条例》）在监督管理和农药登记评审委员会成员、登记试验单位、农药主管部门、生产企业、农药经营者、使用者等应当承担的法律责任更加的明确。《条例》对农药管理进行了详细规定，并对农药监管制度等进行了细化，监管手段及法律责任等方面也进行了规定，同时加大了惩罚力度，完善了对"假农药""劣质农药"的定义，对违法使用投入品的行为给予处罚，不得违法性地使用他人的许可证明文件，不得伪造变造，转让出租出借农药登记证、生产经营许可证等，规范了农业部门及其工作人员行为。

（二）投入品监管体制机制建设现状

我国政府十分重视投入品监管工作，坚持全局一体化原则，建立省、市、县、村四级监察队伍，市级均设立专项监督管理办公室，县级市、县均设立专项监察单位。在以农业为主的乡镇、村等设立执法机构，指定专门人员做好监管工作。全面实施农业执法网络实时指挥，监管预警信息发布全面覆盖，各级农业残留标准检测实现数据共享，建立完备的档案信息库。建立了投入品诚信监管联盟制度，通过社会各方的监督，对违法违规行为进行全方位的调查核实，实现投入品市场准入动态管理。

我国建立了投入品登记管理制度，商品化耕地投入品登记管理有不同国家行政主管部门承担，农业农村部种植业管理司主管农药（项目编码：17003—1）和肥料（项目编码：17003—3）的登记。

农药登记管理制度的改革从 1997 年开始，国务院发布第 216 号部长令，颁布《农药管理条例》；2001 年，国务院令第 326 号修订《农药管理条例》，农业部颁布《农药登记资料要求》；2004 年，国家发改委制定了《农药生产管理办法》；2007 年，农业部颁布《农药限制使用管理办法》；2012 年，农业部颁布《农药使用安全事故应急预案》；2017 年，国务院令第 677 号修订了《农药管理条例》。

肥料登记管理制度从 2000 年开始，农业部发布第 32 号部长令，颁布《肥料登记管理办法》；2001 年，农业部颁布配套的《肥料登记资料要求》（第 161 号公告）；2004 年，《行政许可法》出台后，修订了《肥料登记管理办法》；2015 年，取消了"三项规定"，简政放权，简化了登记程序和资料要求；2017 年，简政放权，放管结合、优化服务改革，调整"三项要求"，规范田间试验；2018 年，进一步规范了肥料登记管理。

（三）投入品标准规范建设现状

目前，我国主要耕地投入品标准制修订稳步推进，其中肥料标准已经较为完善，特别是化肥、水溶肥、有机肥的标准规范相对健全，如表 1-1 所示。2023 年，农业农村部制定实施农业行业标准《耕地投入品安全性监测评价通则》（NY/T 4349—2023）。

表 1-1 我国主要投入品现行标准规范一览表

投入品	标准类别	标准名称	标准号
化肥、复合肥	基础标准	1. 肥料和土壤调理剂 术语	GB/T 6274—2016
		2. 肥料和土壤调理剂 分类	GB/T 32741—2016
	产品标准	3. 无机复混肥料	NY 481—2002
	肥料施用准则/要求	4. 肥料合理使用准则通则	NY/T 496—2010
		5. 肥料合理使用准则钾肥	NY/T 1869—2010
		6. 肥料合理使用准则有机肥料	NY/T 1868—2010
		7. 肥料效果试验和评价通用要求	NY/T 2544—2014
		8. 肥料和土壤调理剂标签及标明值判定要求	NY/T 1979—2018
		9. 肥料和土壤调理剂急性经口毒性试验及评价要求	NY/T 1980—2018
		10. 肥料中的砷、镉、铅、铬、汞生态指标	GB/T 23349—2009
	检测方法	11. 肥料汞、砷、镉、铅、铬含量的测定	NY/T 1978—2010
		12. 肥料总氮含量的测定	NY/T 2542—2014
		13. 肥料钾含量的测定	NY/T 2540—2014
		14. 肥料磷含量的测定	NY/T 2541—2014
		15. 肥料硝态氮、铵态氮、酰胺态氮含量的测定	NY/T 1116—2014
水溶性肥料	产品标准	1. 大量元素水溶肥料	NY 1107—2010
		2. 含腐殖酸水溶肥料	NY 1106—2010
		3. 含氨基酸水溶肥料	NY 1429—2010
		4. 微量元素水溶肥料	NY 1428—2010
		5. 中量元素水溶肥料	NY 2266—2012
		6. 水溶肥料汞、砷、镉、铅、铬的限量要求	NY 1110—2010
	检测方法	7. 液体肥料密度的测定	NY/T 887—2010
		8. 水溶肥料总氮、磷、钾含量的测定	NY/T 1977—2010
		9. 水溶肥料铜、铁、锰、锌、硼、钼含量的测定	NY/T 1974—2010
		10. 水溶肥料钙、镁、硫、氯含量的测定	NY/T 1117—2010
		11. 水溶肥料水不溶物含量和 pH 的测定	NY/T 1973—2010
		12. 水溶肥料腐殖酸含量的测定	NY/T 1971—2010
		13. 水溶肥料钠、硒、硅含量的测定	NY/T 1972—2010
		14. 水溶肥料有机质含量的测定	NY/T 1976—2010
有机肥	产品标准	1. 有机肥料	NY 525—2021
		2. 生物有机肥	NY 884—2012
		3. 腐殖酸生物有机肥	HG/T 5332—2018

（续）

投入品	标准类别	标准名称	标准号
有机肥	技术规程	4. 肥料合理使用准则 有机肥料	NY/T 1868—2010
		5. 秸秆有机肥料田间积造技术规范	DB23/T 1838—2017
		6. 排污许可证申请与核发技术规范 磷肥、钾肥、复混肥料、有机肥料和微生物肥料工业	HJ 864.2—2018
	检测方法	7. 有机肥料中土霉素、四环素、金霉素与强力霉素的含量测定 高效液相色谱法	GB/T 32951—2016
		8. 有机肥料中铅、镉、铬、砷、汞的测定 电感耦合等离子体质谱法	DB12/T 848—2018
微生物肥料	基础标准	1. 微生物肥料术语	NY/T 1113—2006
		2. 农用微生物标识要求	NY 885—2004
	产品标准	3. 农用微生物菌剂	GB 20287—2006
		4. 生物有机肥	NY 884—2012
		5. 复合微生物肥料	NY/T 798—2015
		6. 农用微生物浓缩制剂	NY/T 3083—2017
	菌种/安全标准	7. 硅酸盐细菌菌种	NY 882—2004
		8. 微生物肥料生物安全通用技术准则	NY/T 1109—2017
		9. 根瘤菌生产菌株质量评价技术规范	NY/T 1735—2009
		10. 微生物肥料生产菌株质量评价通用技术要求	NY/T 1847—2010
	技术规程	11. 农用微生物菌剂生产技术规程	NY/T 883—2004
		12. 农用微生物肥料试验用培养基技术条件	NY/T 1114—2006
		13. 肥料合理使用准则 微生物肥料	NY/T 1535—2007
		14. 微生物肥料田间试验技术规程及肥效评价指南	NY/T 1536—2007
		15. 微生物肥料菌种鉴定技术规范	NY/T 1736—2009
		16. 微生物肥料产品检验规程	NY/T 2321—2013
		17. 秸秆腐熟剂腐解效果评价技术规程	NY/T 2722—2015
土壤调理剂	基础标准	1. 肥料和土壤调理剂 术语	GB/T 6274—2016
		2. 肥料和土壤调理剂 分类	GB/T 32741—2016
		3. 土壤调理剂通用要求	NY/T 3034—2016
		4. 肥料和土壤调理剂标签及标明值判定要求	NY/T1979—2018
	技术规程	5. 土壤调理剂效果试验和评价要求	NY/T 2271—2016
		6. 肥料和土壤调理剂急性经口毒性试验及评价要求	NY/T1980—2018
		7. 固体肥料和土壤调理剂 筛分试验	GB/T 20781—2006
	检测方法	8. 肥料和土壤调理剂 水分含量、粒度、细度的测定	NY/T 3036—2016
		9. 肥料和土壤调理剂 有机质分级测定	NY/T 2876—2015
		10. 土壤调理剂 磷、钾含量的测定	NY/T 2273—2012

（续）

投入品	标准类别	标准名称	标准号
土壤调理剂	检测方法	11. 土壤调理剂　钙、镁、硅含量的测定	NY/T 2272—2012
		12. 土壤调理剂　铝、镍含量的测定	NY/T 3035—2016
农用地膜	基础标准	1. 农业用聚乙烯吹塑棚膜	GB 4455—2006
		2. 普通用途双向拉伸聚丙烯（BOPP）薄膜	GB/T 10003—2008
		3. 聚乙烯吹塑农用地面覆盖薄膜	GB 13735—2017
		4. 农业用乙烯—乙酸乙烯酯共聚物（EVA）吹塑棚膜	GB/T 20202—2006
		5. 双向拉伸聚苯乙烯窗口薄膜	GB/T 26190—2010
		6. 双向拉伸聚苯乙烯扭结薄膜	GB/T 26191—2010
		7. 双向拉伸聚丙烯可涂覆合成纸薄膜	GB/T 26192—2010
	技术规程	8. 农用塑料薄膜安全使用控制技术规范	NY/T 1224—2006
		9. 氧化—生物双降解地膜应用技术规程　花生	DB37/T 3379—2018
		10. 氧化—生物双降解地膜应用技术规程　马铃薯	DB37/T 3380—2018
		11. 氧化—生物双降解地膜应用技术规程	DB37/T 3381—2018
	检测方法	12. 塑料薄膜和薄片水蒸气透过率的测定	GB/T 26253—2010
		13. 塑料薄膜单位面积质量试验方法	GB/T 31729—2015

四、国内外投入品管理经验

（一）有关国家和机构农业投入品监管概况

1. 美国投入品监管制度实践　美国在早在 19 世纪四五十年代就对农药的使用和农药造成的危害有了认识。美国国土面积大，作物生长环境好，为了获得更多的产量，在初期美国是鼓励农药的使用的，但是随着农药的使用，美国政府发现农药带来的危害实在难以控制，于是在 19 世纪 70 年代美国政府对农药的政策由支持使用变成控制使用。美国对耕地投入品的管理阶段大体分为 4 个部分：一是鼓励使用。即为了获得大量产能，政府鼓励农产商等主体大量使用，但是忽视了耕地投入品对环境带来的危害，造成一系列的环境问题。二是加大投入力度。政府一方面头痛环境，一方面又沉浸在耕地投入品带来的收益，所以政府选择了加大对耕地投入品的鼓励，进一步加剧了环境危害。三是冲突矛盾。随着农业生产规模的扩大，大量的利益冲突的出现导致政府和厂商之间出现了矛盾，生产者和消费者之间也出现了问题，联邦法院审理了太多耕地投入品案件，促使美国政府和美国国民由利益开始转入了环境健康，其中最主要的原因是环境危害到了必须整治的阶段。四是耕地投入品的限制使用。美国经济处于稳定发展阶段就开始对环境进行规制，但是由于长时间的环境破坏，美国政府终于开始对耕地投入品进行限制，接连出台了《联邦环境农药控制法》等法规。联邦环境保护局批准美国各州制定自己的地方法规，根据当地情况调整措施。地方政府通过向联邦环境保护局（EPA）提交申请书，在申请书中列明本区域的管理方案，在联邦环境保护局的批准下，地方政府可以自主地管理本地区的耕地投入品使用，但仍会受联邦环境保护局的监督。另外，在联邦统一的标准和要求范围里，各州可以依据授予的权力来制定相应地方行政规章和地方标准，地方标准严于联邦标准。如果有些州不严格履行职责，联邦环境保护局可以采取财政或行政措施迫使州政府履行义务，必要时也可以由联邦环境保护局取代州政府直接管理，限制州政府的行政权力。

在美国登记制度是联邦和州两个等级的政权组成的两级登记制度。每个州由于各具特色，高度自治，由此造成了各州的标准不同。新型耕地投入品必须先经过联邦的许可后进行登记，然后在各自的州进行第二次的登记，只有两次登记完成后才能进入市场。在美国负责联邦登记的机构是 EPA，也就是美国环境保护局，其下设兽药办公室、肥料办公室、农药办公室。每个办公室负责不同的项目。关于耕地投入品是州政府授权的农业部门负责登记。

美国国会负责制定和颁布农产品质量安全相关重大法律法规，农业化学投入品作为影响农产品质量安全的重要因素，其相关法律法规亦在农产品质量安全法律范围之中。联邦和州政府具有立法权，主要发布使国会通过的法律更具操作性的配套法规。

美国实行"产品管理为主，分段管理为辅"的监管模式，其法律体系包含综合性法律和对重要产品实施监管的法律，其综合性法律均对农业化学投入品有所规定。美国农产品质量安全综合性法律包括《食品、药品和化妆品法》、《联邦杀虫剂、杀真菌剂和灭鼠剂法》，以及《食品质量保护法》。《食品、药品和化妆品法》是美国食品安全法律体系的核心，其中对农药化学物质、农药化学残留量标准、新动物药品、动物饲料、生长激素均有规定。《联邦杀虫剂、杀真菌剂和灭鼠剂法》对农药相关问题作出规定，但此处农药除农业投入品外还包含卫生用药。《食品质量保护法》修改了《食品、药品和化妆品法》和《联邦杀虫剂、杀真菌剂和灭鼠剂法》对农药的管理，包括对农药使用的登记注册和认可，农药最高残留限量标准的制定，特殊群体的特殊保护，定期对杀虫剂容许量进行重新评估，对维护性施用者和服务技术员的培训。

2. 欧盟投入品监管制度实践 欧盟在农产品质量安全领域主要包括以下法律文件：食品安全绿皮书、食品安全白皮书、欧盟议会和理事会第 178/2002 号法规，包括第 852/2004、853/2004、854/2004、882/2004 号法规和《欧盟食品及饲料安全管理法规》在内的食品卫生系列措施和相关技术标准与指令。

食品安全绿皮书对食品安全相关一般原则进行了规定，为确立基本框架奠定了基础。食品安全白皮书，是欧盟和各成员国制定相关管理措施和建立相关管理机构的核心规范，使管理体制更加协调一致，为安全体系实现高度统一性奠定了基础。根据白皮书，欧盟食品安全法律贯穿整个食物链，包括动物饲料生产；食物链中各项主体任务要明确，饲料生产者、农民和食品加工者对食品安全有最基本的责任；饲料和食品及其成分应当可追溯；饲料喂养问题是食品安全中的重要问题，喂养过程中应承担的责任和明确的饲料原料清单应当列出；某些抗生素应当被禁止；食品安全即时预警系统应当包含饲料安全即时预警系统。欧盟议会和理事会第 178/2002 号法规，可以说是欧盟在食品安全领域的基本法，对管理食品、饲料的一般原则和与食品、饲料安全有直接或间接影响的相关事项的程序进行了规定。食品卫生系列措施指欧盟为完善立法，为"欧盟食品法"制定的相关细则，内容涵盖 HACCP 体系、可追溯性、饲料和食品控制。除上述基本性立法外，欧盟还制定了大量技术标准和相关指令来保证相关制度的执行，其中就包括残留和污染、农药残留及其他内容。

3. 加拿大投入品监管制度实践　加拿大法制化程度很高，其法律具有很强的统一协调性，配套性强。加拿大农产品质量安全和食品安全法律法规可以分成两个层次，即法案和配套法规，其中法案分为综合性法律和单一性法律，单一性法律专门就某一种类农产品或农业投入品的质量安全问题作出规定。加拿大法律法规中与农业化学投入品较为相关的有《食品和药品法》与《加拿大食品检验局法》两部综合性法案，以及《饲料法》与《肥料法》等单一性法案，及其相配套法规《肥料法规》和《饲料法规》。

《食品和药品法》对食品和药品安全作出了包括检查、查封、没收营销许可和罚则等在内的相关规定，此法案中所说之药品不仅包括人用药，也包括兽用药和用于对食品生产、预备或保存间的消毒药品。《加拿大检验局法》对检验局职能作了如下规定，检验局负责监管和实施《农业和农业食品行政处罚法》、《加拿大农产品法》、《饲料法》、《肥料法》等。《肥料法》是关于农用肥料管理的法律，《饲料法》是关于饲料销售管理和控制方面的法律。

4. 日本投入品监管制度实践　日本因地理条件而潮湿多雨，夏季气温很高，农作物病虫害频发，为了保障农产品的产量和质量，满足公众的生活需要，日本对农药的规定非常严格。早在1948年，日本针对农药颁布了专门的法律《农药取缔法》。经过多次修改之后，现行《农药取缔法》趋于完善，主要包括农药登记制度、农药生产及进口、农药的销售和使用，对农药进行监督、检查、取缔等部分。此外，为了保护人畜生命安全、食品安全以及治理环境等，制定了专门性法律。

日本的县农药管理机构承担农药登记和检验工作，除了各部门履行各自的职责，相互配合之外，日本各社会组织如绿色安全促进协会、全国农业合作协会等也组织各类农药使用者的培训，指导农户如何进行动植物的防疫，如何安全用药，对病虫害的现象如何预防等。

日本建立了一套科学的农药管理制度，为广大公众所接受。本制度主要是食品质量安全认证和危害分析及重点认证制度。政府权力在农业投入安全监管体系中发挥着重要作用，日本每年投入大量政府预算作为农业投入监管资金，其中占最大比重的是对耕地投入品的检验检疫，在一定程度上，这将保护消费者这一弱势群体的利益，减少农业投入对消费者的伤害。

日本农产品质量安全相关法律比较健全，其中农业化学投入品相关法律包括《农药取缔法》、《药事法》、《饲料安全法》等。农林水产省（农、林、水产品风险管理机构）主要依据上述法律法规对国内生鲜农产品生产环节的质量安全和农药、兽药、化肥、饲料等农业投入品生产、销售与使用进行监督管理，具体包括：农药登记与销售限制、兽药和饲料生产与销售限制等。除了上述法律、法规，日本还制定了包括相关标准在内的一系列强制性规章及公告，以保证上述法律、法规的实施。根据相关法律规定，农业投入品检查中心负责对食品和化肥、饲料及农用化学品进行检验，以确保包括农业投入品在内从农田到餐桌的食品安全。此外，日本注重可追溯管理和农产品标识管理。

5. 法国耕地投入品监管制度实践　法国对于耕地投入品可谓是全方位的监测，比如较为严苛的政府部门监测。法国对于其监测还包括耕地投入品的标签、在停止使用药物期间对耕地投入品的监测和对于未来环境有可能出现的各种各样的环境问题的监测。法国还利用数据来挖掘各种耕地投入品的有效信息，通过信息挖掘完善保障信息的安全可靠性，并且对于后期耕地投入品进入市场有相应的授权、撤出市场和召回的权力。这种体系是在欧盟对兽药相关技术的指导和法规下诞生的一种警诫体系。

法国有专门针对兽药的质量可控、适用的安全及有效性进行相应评价的机构，并且该机构可以根据评价对兽药做出是否上市、暂缓上市或者撤出市场等决定的权利。而且法国兽药中心还会监管兽药销售的整个流程，比方说生产质量、使用中出现的不良反应，销售中进行的广告等，并且在上市的各个环节进行把控，保证兽药的生产、销售、对外出口与对内进口等环节万无一失。机构也会代表整个法国行业在欧盟内部针对知识经验或者贸易进行交流和磋商，并且在国际论坛上被授权为世界动物卫生组织的合作实验室，不定期进行国际层面的合作、探讨及交流工作。另外因为经费充足，所以法国的法律体系、基础设备完善，从而打通了各个环节，保证法国的耕地投入品安全。

6. 俄罗斯投入品监管制度实践 俄罗斯凭借着丰富的农业资源成为世界上主要的粮食生产与出口国家，在种植业不断发展的情况下，俄罗斯对农药的需求也日趋扩大，由于大量农药的使用，造成俄罗斯的土壤恶化。在 2003 年，俄罗斯针对这一现象，发布了 03 号标准，规定了大量的农药残留量，此后 10 年间，俄罗斯又对 03 号标准做了大量补充规定，对一部分的农药残留限量进行了修订。俄罗斯蔬菜农药残留限量标准相对较细，除少数农药种类在规定的蔬菜残留限量值外，大多数农药残留限量指标均细化到特定蔬菜品种，基本涵盖了俄罗斯居民饮食中占主导地位的蔬菜品种。

俄联邦兽医、植物卫生监督局作为实施国家登记的国家机构，负责耕地投入品的登记以及撤销登记等工作。俄罗斯农业部组织实施具体注册产品检测工作，同时加大对耕地投入品的登记工作，力求在登记过程中发现问题，避免不合格的耕地投入品进入市场。

7. 联合国粮农组织投入品监管制度实践 2019 年，联合国粮农组织全球土壤伙伴关系联合政府间土壤技术小组编写并发布了《肥料可持续使用和管理国际行为规范》。作为实现《2030 年可持续发展议程》、《2020 年后议程》以及土地退化零增长愿景（旨在保持或者提升可支持生态系统功能和服务的土地资源的数量和质量）举措的一部分，粮农组织建立了全球土壤伙伴关系。全球土壤伙伴关系的建立促进了可持续土壤管理作为一种手段在实现粮食安全和营养的同时达成保护环境的目标。

《肥料可持续使用和管理国际行为规范》（以下简称《肥料规范》）是确保《可持续土壤管理自愿准则》实施的重要工具，其特别关注了养分不平衡以及土壤污染。《肥料规范》促进了人们在养分循环、农艺和土地管理在内为改善土壤健康而进行的实践，同时针对化肥产品的销售，分销和标签的规定给出了相应建议。《肥料规范》还促进了所有参与化肥价值链的利益相关方的能力发展和教育计划，同时鼓励发达国家协助其他国家发展基础设施和全周期管理化肥的能力。

《肥料规范》涉及的利益相关方包括政府、政策制定者、肥料工业、废物及循环再造业、国家农业研究系统、高校、农业和分析服务实验室、农业推广和咨询服务机构、民间社会和肥料用户（特别是农民）。"肥料"一词是指一种化学或天然物质或材料，用于提供植物养分，通常施于土壤，也可施于叶面，或施于稻作系统、灌溉施肥、水培或水产养殖作业用水等。因此,《肥料规范》考虑到了多种养分类型和来源,包括:化学和矿物肥料;有机肥料,例如牲畜粪肥和堆肥;循环养分来源,例如废水、污水污泥、沼渣和其他加工废物。

(二)借鉴作用

通过对比典型国家的投入品管理经验,结合我国实际,不难发现以下几点:一是国际上一些农业发达国家和地区,涉及农业投入品管理的法规制度是比较健全的,尤其是对影响农产品质量安全和生态环境的投入品,监管是比较严格的,我国还需要进一步加强有关法规、标准和政策的制修订。二是对投入品的基础性研究比较深入,编制投入品禁止目录和作物禁用目录来指导农业生产,我国在这方面基础研究还有待加强。三是因为我国人多地少,又要自主保障粮食安全的特有国情,导致大量农业投入品的利用,同时还要实施新的发展理念,这是一对矛盾,国际上可能没有直接可借鉴复制的经验,这需要我们加强基础研究和探索,提出具有中国特色的解决方案。

(三)我国加强耕地投入品监管监测工作方向

1. 加强制度设计 一是争取在有关法律条例中明确要加强耕地投入品安全性监测评价,作为耕地质量监管部门的一项基本职能确立;二是争取完善农药、有机肥等登记管理程序,要求提供耕地质量安全性监测评价材料是获得登记的前提条件。

2. 健全标准体系 逐步建立耕地投入品安全性监测评价标准体系,包括通则、规范和标准。通则是基础,分大类编制规范,按产品编制标准,如《投入品对耕地质量安全性监测评价通则》、《有机肥对耕地质量安全性监测评价规范》、《饼肥对耕地质量安全性监测标准》等,通过制定标准来规范相关工作开展。

3. 强化市场监管 发挥科研院所和农技推广体系技术支撑单位作用,配合行政管理和市场执法部门,定期对生产经营企业开展抽检和例行监测,发布投入品质量市场监测报告,强化市场准入和优胜劣汰。

4. 加强基础研究 支持有条件有积极性的科研院所和耕地质量监测保护机构,分产品、分地区、分作物逐步开展质量检测和田间监测试验,找到投入品质量与耕地质量、农产品质量和农业生态安全之间的关系,为标准制修订和政策设计、项目实施提供依据。

第二节　耕地质量概述

一、耕地质量的内涵

"耕地质量"目前还没有统一的定义,联合国粮食与农业组织将其定义为按照某种特定方式来影响特定土地利用的永续性的综合土地特征。"耕地质量"的概念由"土壤质量"延伸而来,是对广义的土壤质量在农业土壤中的表述。土壤质量(Soil Quality)的概念最早出现在 20 世纪 70 年代的土壤学文献中。在 20 世纪 90 年代,随着世界人口增长、对粮食和食物需求量的急剧增加,以及全球气候变化背景下土地的过度开发导致土地退化的背景下,土壤质量逐步成为国际上土壤学研究的热点。美国土壤学会将土壤质量定义为:由土壤特点或间接观测推理的土壤内在特性,土壤质量的好坏直接关系到人的生存状况及粮食的生产能力。良好的土壤质量不仅具有较高的土地生产力,而且对区域水资源及周边生态环境的改善具有重要的意义。Power 和 Myers 认为土壤质量是土壤供养、维持作物生长的能力，包括耕作性能、团聚体作用、有机质含量、土壤深度、持水能力、渗透速率、pH 变化、养分含量等。Doran 和 Parson 提出了一个基本的土壤性质集，以满足大多数农业条件下对土壤质量状况的需要。国内学者对土壤质量的定义也较多，一般认为土壤质量是土壤供养、维持作物生长的能力，包括耕作性能、团聚体作用、有机质含量、土壤深度、持水能力、渗透速率、pH 变化、养分含量等。曹志洪等在总结国内外研究成果的基础上，认为土壤质量是土壤提供食物、纤维、能源等生物物质的土壤肥力质量，土壤保持周边水体、空气洁净的土壤环境质量，土壤容纳削减无机和有机有毒物质、维护人畜健康和确保生态安全的土壤健康质量的总和度量。从上述国内外学者对土壤质量的定义可以看出，由于土壤具有多重属性，不同研究人员从不同侧面阐释了土壤质量表现出来的功能特征，但在土壤质量属性的土壤生产能力、环境功能和健康功能方面已形成了共识。

在前人对耕地质量的研究中，耕地地力最先被认识，是指特定区域中特定的土壤类型，通过地力建设和土壤改良后所确定的地力要素总和，是一个由耕地内在基本素质地力要素所构成的基础地力，是由特定气候区内地形条件、地貌条件、成土母质、农田基础设施、培肥水平、土壤理化性状等要素综合构成的耕地生产力。

耕地地力主要是土地工作者或农业生产工作者对土地好坏提出的一个概念，它主要立足于耕地本身素质。地力好，作物生长好，产量高；地力差，作物生长不好，产量低。评价地力最直接的标准，就是土壤肥力状况，而衡量土壤肥力的数量指标是土壤有机质含量多少、土壤养分含量高低和一些土壤物理性状指标，但在实际工作中主要还是用产量指标来衡量。总的来说，耕地地力的概念就是指耕地的基础地力。耕地地力评价得出耕地地力等级，揭示的是耕地综合生产力的高低，其结果侧重于反映耕地的自然属性；耕地质量评价可以得到多层次的农用地等级，其结果分别反映农用地的自然属性、社会属性和经济属性。但随着经济社会的发展，耕地质量与耕地地力概念之间的差异性越来越小。耕地质量包括耕地地力和土壤环境质量两个方面。耕地地力更侧重于耕地的基础肥力水平，耕地质量则是对耕地各种自然、经济、社会属性的一个综合反映，同时考虑了天、地、人对耕地质量的影响，即气候、土壤、人类对土地的利用水平、科学技术装备、土地的投入产出效益等对耕地质量的综合影响，其考虑范围更加广泛。

随着粮食安全、全球气候变化、耕地退化等问题的日益凸显，逐步由关注土壤质量、耕地地力问题向耕地质量转变，其内涵也从耕地地力扩展到涵盖适宜性、生产潜力、生态安全、环境质量及可持续发展等方面。国外主要关注包括耕地在内的土地质量的演变及可持续利用，而国内研究则主要关注耕地质量表征的粮食产能。

由于耕地质量的构成要素较多，要素之间也存在较为复杂的联系和影响，所以耕地质量是一个综合的概念，当应用于耕地时，与土壤质量、土地质量、农用土地质量这几个概念具有一定的通用性。在综合考虑耕地的现实与潜在生物生产力、现在和未来用途下的经济价值以及区位差异等因素的基础上，可以将耕地质量的概念定义为构成耕地的各种自然因素和环境条件状况的总和，表现为耕地生产能力的高低、耕地环境状况优劣以及耕地产品质量的高低。它又可分为耕地本底质量、健康质量和经济质量 3 个方面。其中，本底质量构成耕地质量的基础，指耕地质量的自然属性；健康质量是衡量耕地质量系统是否符合可持续发展的要求，是否可以满足人类健康发展的需要，是否能够维持系统生态发展的需要，指耕地质量的环境属性；经济质量是用来衡量经济发展对于耕地质量所带来的影响，指耕地质量的区位属性。耕地质量具有区域性、动态性、调控的滞后性、改造的艰难性等多种自然和社会经济特征。

《耕地质量调查监测与评价办法》（农业部令 2016 年第 2 号）中提出，"耕地质量是指由耕地地力、土壤健康状况、田间基础设施构成的满足农产品持续产出和质量安全的能力"。按照《耕地质量等级》（GB/T 33469—2016）中的规定，耕地质量是一个综合概念，其核心组成涉及耕地地力、土壤健康状况、田间基础设施 3 个方面。其中，耕地地力是指在当前管理水平下，由土壤立地条件、自然属性等相关要素构成的耕地生产能力。立地条件，即与耕地地力直接相关的地形地貌及成土母质特征。土壤自然属性，包括土壤剖面与土体构型、耕作层土壤的理化性状、特殊土壤的理化指标。土壤健康状况是指土壤作为一个动态生命系统具有的维持其功能的持续能力，用清洁程度、生物多样性表示。清洁程度反映了土壤受重金属、农药和农膜残留等有毒有害物质影响的程度；生物多样性反映了土壤生命力丰富程度。农田基础设施包括田、林、路、电、水。田，即具有合理适度的田块长度和宽度；林，即具有农田防护与生态环境保护功能的林网；路，即具有合适路网密度以及机耕路、生产路布局，满足农机作业、农业物资运输等农业活动的要求；水，即具有完善的灌溉排水系统、工程配套完备，能够实现输、配、灌、排及时高效。

自然资源部门对耕地质量的评价是一个更为广泛的概念，在这里，影响耕地质量的因素不仅包括土壤的质量，还包括气候因素（标准耕作制度）、人为因素（土地利用水平）和社会经济因素（土地经济条件）等。自然资源部门对耕地质量的评价关注的是农作物的光温（气候）生产潜力、土壤的质量、人类活动对土地的利用水平、投入产出状况等综合影响因素对耕地质量的影响。从环境角度所谈的耕地质量，是指耕地是否被污染物污染以及被污染的程度。由于耕地适宜性和生物生产力大小的含义是相同的，经济效益是以生物生产力为基础的，因此，耕地质量可概括为耕地物质生产力。

二、我国耕地质量现状

土地资源是人类赖以生存的物质基础，具有生产、空间承载以及环境保护等多种功能，其数量和质量的演变直接关系着国家粮食安全与社会稳定。人多地少、耕地后备资源不足、生态环境脆弱是我国的基本国情。随着人口的增长、耕地数量刚性减少，如何在保证社会经济发展的前提下同时确保耕地数量和质量稳定已成为首要问题。

为保障粮食安全，摸清耕地数量质量家底，实现耕地保护，我国先后组织开展土地与耕地相关调查。继 1958 年、1979 年开展的第一次、第二次全国土壤普查以来，农业部在"十五"期间组织开展了大规模的全国耕地地力调查与质量评价，2022 年国务院开展第三次全国土壤普查；国土资源部也于 1998 年开始了新一轮国土资源大调查，随后在全国范围内开展了农用地分等与定级估价和土地利用总体规划修编等工作；2007 年进行了第二次全国土地调查；2010 年开展了耕地质量等级成果补充完善；2013 年，国土资源部在《国家可持续发展国土资源战略纲要》中指出，要积极加强国土规划工作，充分合理组织国土空间，构建安全、和谐、富有竞争力的国土空间开发格局。2018 年，国家提出了实施耕地数量、质量、生态"三位一体"保护的战略，并将耕地质量保护与提升作为实现"藏粮于地、藏粮于技"重要战略支点。

根据《2019 年全国耕地质量等级公报》（农业农村部公报〔2020〕1 号），东北区耕地质量状况较佳，青藏区、内蒙古及长城沿线区耕地质量状况较不理想，黄土高原区耕地质量总体水平仍较低。我国 20.23 亿亩①耕地，其中一至三等的耕地面积为 6.32 亿亩，占耕地总面积 31.24%；四至六等的耕地面积为 9.47 亿亩，占耕地总面积 46.81%；七至十等的耕地面积为 4.44 亿亩，占耕地总面积 21.95%。

整体来看，我国人均耕地少、耕地质量总体不高、耕地后备资源不足的基本国情没有改变。总结我国耕地质量现状，一是中低产田面积大，我国耕地资源丰富，但耕地质量总体不高，其中中低产田面积较大。据调查，全国耕地中低产田面积占比高达 64%，其中东北黑土区有机质含量逐年下降，北方旱作区季节性干旱严重，中西部地区受风蚀水蚀威胁严重，南方稻作区面源污染严重。这些因素导致耕地生产力水平低下，严重制约了农业生产的发展和粮食生产的稳定。二是耕地环境质量不容乐观。受工业"三废"污染、农药污染和化肥污染等因素的影响，我国耕地土壤污染问题日益突出。这些污染严重影响了农作物的生长和品质，威胁着人民群众的身体健康和生命安全。三是生产能力后劲不足。随着城市化、工业化进程加快，我国耕地资源呈现数量减少、质量下降趋势。同时，由于农田基础设施薄弱、农业经营方式粗放、利用强度高、利用效率低下等问题，导致我国耕地生产能力后劲不足。据统计，我国农田灌溉水利用率仅为 40% 左右，远低于发达国家的 70%~80% 的水平；我国化肥、农药利用率也不高，且逐年下降；同时地膜使用不当也导致耕地次生盐渍化问题加剧。这些因素严重影响了耕地生产能力的提升和粮食安全保障。

我国耕地存在的质量退化现状问题，主要包括以下几点：

一是土壤有机质下降。由于农田长期过度利用，缺乏保护性有机质的补充，同时不合理灌溉、施用化肥等人为因素也加速了土壤有机质的消耗。据调查，我国大部分地区农田土壤有机质含量逐年下降，尤其是东北黑土区有机质含量下降最为严重。土壤有机质下降导致土壤结构变差、保水保肥能力减弱，进而影响农作物生长和品质。

二是土壤污染问题突出。由于农业经营方式粗放、过量使用化肥农药、工业废弃物及农业废弃物不合理处置等原因，导致耕地土壤污染问题日益突出。污染物进入土壤后，不仅对农作物生长和品质产生影响，还会通过食物链传递到人体内，危害人民群众的身体健康和生命安全。

三是土壤次生盐渍化加剧。由于农田灌溉水质量不高、化肥使用过量、地膜使用不当等因素影响，我国部分地区农田土壤次生盐渍化问题加剧。据调查，我国北方旱作区季节性干旱严重，同时不合理的灌溉方式也导致土壤次生盐渍化问题加剧；南方稻作区由于地膜使用不当，也导致土壤次生盐渍化问题日益突出。这些问题导致土地生产力下降，同时也会引起环境污染和生态退化等问题。

四是土壤沙化严重。由于气候变化、过度开垦、过度放牧等因素影响，我国部分地区土壤沙化问题日益突出。据调查，我国北方地区有近 1/4 的耕地存在不同程度的沙化现

① 亩为非法定计量单位，1 亩＝1/15 hm²≈667 m²。——编者注

象，这些地区的气候条件恶劣、水资源短缺、植被稀少，加上人类活动的影响，导致土地沙化问题日益严重。这些问题不仅导致土地生产力下降，还会影响当地生态平衡和社会经济发展。

然而，目前耕地的管理利用仍存在重数量、轻质量，重建设、轻管理，重用地、轻养地的现象，部分地区，特别是北京、上海、广东、浙江、江苏、山东等经济发达地区，耕地占补平衡矛盾十分突出。同时，我国耕地利用中还存在质量退化、空间破碎化、土壤健康严峻等问题。2019 年我国人均耕地面积仅有 1.2 亩/人，只有世界平均水平的 40% 左右，远低于世界水平。同时，我国耕地的后备资源也严重不足，比如西北和东北一些生态较为薄弱的地方耕地问题也较明显，且存在过度开垦和生态环境遭到严重破坏等问题，中东部地区城市化导致的占优补劣，农村劳动力减少导致的耕地撂荒等现象，也在影响着我国耕地的有效利用。

三、耕地质量评价

我国大规模、综合的土地评价始于 20 世纪 70 年代到 80 年代中期。1979 年开始进行的第二次土壤普查，首次在全国范围内对全部土壤类型进行资源性调查、耕地基础性状和生产能力评价。2022 年，国务院印发《关于开展第三次全国土壤普查的通知》（国家〔2022〕4 号），将花费四年的时间，对我国土壤资源再进行一次全面普查。至此，我国土地质量调查评价工作进入一个新的发展时期。

自然资源综合考察委员会成立的土地资源研究室，以合理利用土地为目的产生了两个评价体系，一是参照美国农业部土地利用潜力分类系统制定了《全国第二次土壤普查暂行技术规程》。该技术规程对土壤的主要养分水平、土壤肥力状况进行评价定级，将全国分为 8 个级别，初步掌握了我国土壤资源的分布特点；二是在借鉴 FAO（联合国粮农组织）《土地评价纲要》的基础上，结合我国实际，拟定了《中国 1∶100 万土地资源图》分类体系，该系统采用 5 级分类制，即土地潜力区、土地适宜类、土地质量等、土地限制型和土地资源单位，拟订了富有特色的编图制图规范，出版了覆盖全国的 63 幅图件。编图中，按气候和水热条件来划分土地潜力区并进行作物生产潜力研究，为我国农用地的分等定级奠定了基础。随后又编制了全国 1∶400 万至 1∶100 万的土壤图、土地利用图及土壤母质图和土壤养分图等专题图（《中国 1∶100 万土地资源图》编委会，1990；倪绍祥等，1993），进行了全国性土地适宜性评价。随后我国与 FAO 合作进行了中国土地承载力研究，区域性的土地人口承载力研究广泛开展。这一时期土地资源研究从地区性走向全国性研究，从单项资源走向全国综合资源研究，从经验上升到理论和系统的研究，初步形成了具有中国特色的土地资源学科研究体系，制定了符合我国国情的土地资源分类系统，有力地推动了我国土地评价理论、方法体系的发展，为耕地评价的研究奠定了理论和实践基础。

1986 年，农牧渔业部的土地管理局和中国农业工程研究设计院等单位依据国内外土地评价理论，并在各地试点经验的基础上，研究制定了《县级土地评价技术规程（试行草案）》。它主要以水、热、土等自然条件为评价因素，划分农地自然生产潜力的差别，以定性评价为主。1996 年，农业部颁布了行业标准《全国耕作类型区耕地地力等级划分》，把全国划分为 7 个耕地类型区、10 个耕地地力等级。

1999 年，国土资源部成立并开始将全国耕地质量等级调查与评定工作纳入了国土资源大调查项目计划，于 2003 年完成了耕地质量评价规程，正式颁布了《农用地分等规程》、《农用地定级规程》和《农用地估价规程》。从构建的 3 个《规程》的理论体系来看，在不同的《规程》中理论和方法各有侧重，实现手段不尽相同，力图从不同角度反映农用地的自然质量、现阶段科技条件下的利用水平和土地的社会经济价值，从而构成具有中国特色的土地评价体系。

农用地分等定级成果已在土地利用总体规划、耕地占补平衡、农用地产能权补平衡考核方面提供了技术支撑与实践基础，国土资源部土地整治中心郧文聚等（2008）基于农用地分等的耕地占补平衡项目评价，在基本农田调整划定、土地整理复垦开发等方面得到了初步应用，形成了产能核算与农用地分等有代表性的成果，高新技术手段在基本农田划定与耕地评价方面的应用，越来越广泛。例如，利用 GIS 对土地资源进行适宜性评价、土地潜力评价及农用地分等定级估价等方面的研究。在土地评价方法上对层次分析法、主成分分析法、模糊数学方法、神经网络模型等进行了探索研究。利用 GIS 技术和适当的评价方法，不但提高了评价结果的精确度、有利于评价结果的推广应用，同时也减少了土地评价工作中所需的人力、物力、财力。袁天风等（2007）利用农用地分等自然质量等指数模型，结合分模块控制的方法实现区域间等指数可比，对重庆市丘陵山地 4 个代表县耕地质量进行了评价；于东升等（2011）利用 Nor 值法和新建立的 Bio-Norm 法，分别确定耕地质量评价指标、指标权重和隶属度函数，并对研究区水田耕地质量进行评价；赵建军等（2012）以吉林省为例，探讨基于 GIS 空间分析技术、层次分析法（AHP）和遥感数据的省级耕地质量评价理论框架体系，通过提取各项评价指标信息，进行空间权重叠加，获得最小评价单元，最后对耕地质量进行划分。

耕地质量评价是一种多因素综合评价，难以用单一因素的方法进行划分，在选取评价指标和确定权值方面仍存在不少问题。传统的耕地（土壤）评价主要从土地自然生产潜力的角度出发，基于土地自然属性选取要素构建指标体系并对土壤进行适应性评价及分区。耕地质量评价最早由国外的土地质量评价、土壤质量评价演变而来，经国内学者对其内涵和评价体系不断深入完善，逐步形成了完整的科学体系。目前国内农业农村部门主要用《耕地质量等级》（GB/T 33469—2016）这一标准来进行耕地质量评价。该标准是在《耕地质量调查监测与评价办法》的基础上制定的，将全国划分为东北区、内蒙古及长城沿线区、黄淮海区、黄土高原区、长江中下游区、西南区、华南区、甘新区、青藏区九大区域，构建了由基础性指标和区域补充性指标组成的评价指标体系，其中，基础性指标包括地形部位、有效土层厚度、有机质含量、耕层质地、土壤容重、质地构型、土壤养分状况、生物多样性、清洁程度、障碍因素、灌溉能力、排水能力、农田林网化率 13 个指标。区域补充性指标包括耕层厚度、田面坡度、盐渍化程度、地下水埋深、酸碱度、海拔高度 6 个指标。

耕地质量评价是对耕地质量所处状态或满足耕地功能需求程度的度量，合理的耕地质量评价能较好地反映耕地质量的空间差异、演化规律、影响因素，为开展耕地质量建设和保护提供科学依据。我国耕地中目前普遍大量存在的耕地投入品是有迹可循的农业增产手段，可准确记录用量和物料属性及投入时间。因此，研究耕地投入品对耕地质量的影响有助于我们建立更好的监测和分析手段。

第三节　投入品对耕地质量影响概论

一、开展投入品对耕地质量安全性评价的重要性与必要性

我国耕地资源禀赋与保障粮食安全和重要农产品供给的矛盾突出，主要体现在 3 个方面，一是人均耕地少。我国现有耕地 19.18 亿亩，居世界第三位。人均耕地面积只有 1.5 亩，仅相当世界人均耕地的 40%。二是耕地总体质量不高。全国 70%左右的耕地分布在山地、丘陵和高原地区，属于中低产田，优质耕地仅为 27%左右。全国 56%的耕地土壤有机质缺乏，33%的耕地土壤正在不断退化，盐渍化、酸化、养分枯竭、污染等还在局部持续加剧。我国耕地的基础地力对粮食产量生产贡献率仅有 50%左右，而欧美国家是 70%～80%。三是粮食安全压力大。自新中国建立以来，我国一直面临复杂的国内外局势，保障国家粮食安全，把中国人的饭碗牢牢端在自己手里，成为一项战略选择和基本国策。中国需要用占世界 9%的耕地，养活占世界 20%的人口，同时还要不断满足人民消费升级需要和对美好生活的追求。

耕地投入品大量使用为保障国家粮食安全和重要农产品供给发挥了重要作用。主要体现在两方面：一是我国主要农产品总量和人均占有量位居世界前列。据有关统计数据，2018 年全国粮食播种面积 11 704 万 hm²，总产量 6.68 亿 t，全国的人均粮食占有量也已经达到了 442 kg，与世界人均占有粮食量相比，已经远远超出其 395 kg 的水平；蔬菜种植面积 1 996 万 hm²，总产量 7 亿 t，人均占有量约 500 kg；水果种植面积 1 116.8 万 hm²，总产量 2.6 亿 t，人均占有量约 178 kg。蔬菜水果人均占有量连续多年位居世界第一位。二是耕地投入品大量使用发挥了关键作用。我国耕地基础地力薄弱，在这种情况下，除了农村经营体制改革、农业科技进步创新、新型装备物资推广利用、基础设施建设完善等外，耕地投入品大量投入发挥了关键作用。有关统计资料表明，2018 年我国化肥用量 5 600 万 t，商品有机肥用量达到了 1 381 万 t；2018 年中国化学农药原药产量 283.25 万 t，其中除草剂原药 100.6 万 t；2017 年中国土壤调理修复剂产量 305.6 万 t，2018 年上半年中国土壤调理修复剂产量达 210.9 万 t；2017 年全国地膜用量达到 143.66 万 t，覆盖面积超过 1 865.72 万 hm²。

投入品的大量不合理使用可能会对耕地质量和农业生态安全造成巨大安全性威胁。既要保障粮食安全和重要农产品产出，同时要保护耕地质量和生产能力。国家先后实施沃土工程、测土配方施肥、土壤有机质提升、有机肥替代、东北黑土地保护试点、高标准农田建设等项目和工程，直接推动了相关投入品大量使用和废弃物资源化利用。产生积极作用的同时，也对耕地质量和环境安全造成了安全性威胁，主要原因表现在：一是部分投入品质量不高。如有机肥原料不洁净，重金属、病源物、激素等含量高，土壤调理剂重金属含量高，市场上投入品质量参差不齐。二是过量投入利用率不高致流失污染。有研究数据表明，以化肥为例，20 世纪 70 年我国化肥的投入量增加 100 倍，国际公认的化肥使用量安全上限是 225 kg/hm²，而我国目前达到 434 kg/hm²，是其 1.9 倍。另外，利用率 40%左

右，未利用的大部分流失污染环境。三是长期不科学施用。在不掌握耕地质量和农作物习性的情况下，盲目跟风施用投入品现象比较普遍，品不对种。另外，还存在厂家不掌握产品性能和质量状况的情况下扩大宣传误导使用者的情况。

二、耕地投入品与耕地质量作用关系

耕地质量是该地自然环境、经济状况和利用程度的综合体现，主要表现为耕地农产品质与量的可持续产出能力。随着城镇化和工业化的发展，耕地占优补劣、污染以及不合理利用现象日益突出，导致耕地质量严重退化，我国在该问题上已有明确的认识；耕地质量的低下和退化造成耕地产出能力的降低和食品质量安全问题，已严重阻碍社会经济的可持续发展，耕地质量的保护迫在眉睫。耕地投入品作为耕地中普遍存在的物料，其种类和使用方式对耕地质量有着不同的影响。

（一）有机肥料对耕地质量的作用

1. 提供给作物生长所需的养分　有机肥料施入土壤，经微生物分解，可源源不断地释放出各种作物生长所需的养分，同时还释放出大量的二氧化碳，供作物吸收利用和促进作物光合作用，提高作物产量。

2. 改良土壤，提高耕地生产能力　有机肥料中的有机质，在分解转化过程中形成的腐殖质，能促进土壤团粒结构形成，改善土壤的理化性状，增强了土壤保肥、保水性能，改善土壤耕性和提高土壤保温能力，从而达到提高土壤肥力的作用。这样旱地由于土壤结构的改善，土壤透水性和持水性增强，容易接纳和保蓄水分，不易受干旱威胁。盐碱地由于降低了地面蒸发量，控制了盐分上升，可防止盐碱对作物生长的危害。此外，腐殖质还有吸附土壤溶液中多种离子的能力，把土壤养分储存起来，减少速效养分的流失，提高了土壤保蓄养分的能力。随着土壤有机质的增加，土壤色泽变深，有利于早春土温上升，这对早春作物的发芽、出苗和冬小麦的返青、起身都有好处。在我国，增施有机肥料一直是改良土壤、培肥地力的重要技术措施。

3. 提高农作物产量，改善农作物品质　有机肥料在分解转化过程中改善和优化了作物营养条件，不仅增加作物对养分的吸收，增强新陈代谢，刺激生长发育，还大大提高了农产品的品质。

4. 增强微生物活性　施用有机肥料，一方面增加土壤中有益微生物的数量，另一方面为土壤微生物的活动创造了良好的环境条件，增强土壤微生物活性，促进作物根际营养，提高土壤微生物对有机肥料的分解转化能力。

5. 充分利用废弃物可降低环境污染，减少疾病传播，改善城乡卫生条件　有机物质特别是城市人粪尿、有机废弃物和大、中型畜禽场的粪便，既是肥源，也是污染源。因此，充分利用有机肥料，是变废为宝，提高环境质量的有效措施。

因此，施用有机肥料具有很大的经济效益、社会效益和生态效益。

6. 有机肥的局限性

①由于有机肥含有的矿质养分相对化肥较少，施用数量大，肥效释放慢，当年利用率低，在作物生长旺盛、需肥多的时期，往往不能及时满足作物的需求，需要与其他肥料合理配合施用。

②未腐熟的有机肥施入农田易出现烧苗、病虫害等问题，对农田作物环境造成不利的影响；规模化养殖场畜禽粪便生产的有机肥存在重金属、抗生素和激素残留的现象，施入农田具有一定的重金属和有机污染物污染的风险。

此外，有机肥的不合理施用还存在农田氮磷流失，可能会对水体造成富营养化的风险。

（二）土壤调理剂对耕地质量作用关系

土壤调理剂多用于改良盐碱地和酸化土壤的修复，由于具有特定的理化性质，在提高耕地质量中的作用是多方面的，归纳起来有以下几点：

1. 创造团粒改良土壤结构

①能提高团粒数量。国外试验表明，施用克里利姆土壤调理剂，施用量为土重的0.05%时，粒径大于0.25 mm的水稳性团粒数量，较对照增加40%；当施用量至0.15%时，水稳性团粒含量较对照增加54%，而且所形成的团粒多数为粒径2～5 mm的大团粒。我国新疆生物土壤沙漠研究所，连续3年施用腐殖酸铵以后，土壤中大于0.25 mm的水稳性团聚体的含量，较对照增加51.2%。

②施用土壤调理剂能提高团粒的水稳性。土壤中原有的天然团粒，在土壤调理剂的作用下，它的水稳性远较由分散的土粒所形成的团粒大，前者甚至超过后者好几倍。

③能增加团粒结构的机械稳定性。因为施用后提高了团粒内部结合力，内聚力增强，使团粒抵抗耕作机械等压力而不破碎的稳定性增加。

④土壤中的天然团粒是由土壤腐殖质的胶结作用形成的，容易被土壤微生物分解，使团粒解体；而施入人工合成的土壤调理剂，土壤微生物不易将其分解，所以形成的人工团粒表现出较高的生物稳定性。

⑤能改变团粒粒径的组成，提高大团粒的比率。据国外试验，施用土重0.05%的CRD-186制剂，可使2～5 mm和大于5 mm以上的团粒增加到占团粒总数的63%，而对照只占团粒总数的11%。

2. 改良土壤的物理性质

①施用土壤调理剂可以降低土壤容重，增大土壤孔隙度。我国吉林市农业科学研究所试验结果，大量施用泥炭改良低产白浆土，3年后土壤表层容重从1.40g/cm³降低至1.14g/cm³，土壤总孔隙度从47.0%增加到57.9%。由此可见，施用土壤调理剂能够将质地黏重的土壤，改良成多孔性疏松土壤，从而降低容重，提高通气性，有利于根系发育和土壤微生物的活动。

②能够防止表土板结，提高地表水分下渗速度，增加毛管水持水量，减少表土水分蒸腾，提高土壤保水能力，改善土壤水分状况。吉林市农业科学研究所试验结果，施用泥炭改良白浆土，毛管孔隙度从31.7%增加到51.5%，土壤持水量从28.7%提高到46.3%。中国农业科学院土壤肥料研究所试验，北京潮褐土与沥青乳油（BIT）混合，0～10 cm土层饱和导水率提高0.42～1.97倍，10～20 cm土层提高3.4～6.5倍。

除前面讲述的专门土壤增温剂以外，一般的土壤调理剂也都有提高地温的作用。中国农业科学院土壤肥料研究所试验，在北京潮褐土冬小麦试验地，喷施0.1%聚丙烯酰胺（PAM）后，1月底观察，5 cm处地温较对照高1.2℃。山西省农业科学院土壤肥料研究所试验，冬小麦地喷施沥青乳剂（BIT），10月下旬观察，5 cm 土层地温日平均提高 2～2.5℃，最高时提高 7℃。

3. 改良土壤的化学性质 施用土壤调理剂后，在土壤介质这一分散体系中，引起一系列复杂的胶体化学、表面化学、电化学及力学等作用，使土壤化学性质发生变化。

①对土壤 pH 的影响。调酸剂的使用可使秧田土壤 pH 从 8～8.5 降为 6.0～6.5；碱性土壤中施用石膏，pH 从 9 左右降为 7～8；酸性土壤中施用石灰，使 pH 上升。上述 pH 的变化，为作物创造适宜的环境条件，人工合成的土壤调理剂也有类似的作用。

②能增加土壤盐基交换量，增加土壤缓冲性能、保肥性能。

③能增加土壤中的植物有效养分含量，提高作物吸收利用养分的能力。吉林市农业科学研究所试验结果，大量施用泥炭改良白浆土，土壤全氮（N）从 0.129% 增加到 0.167%，水解氮（N）从 53.76 mg/kg 土增加到 117.64 mg/kg 土，土壤全磷（P_2O_5）从 0.096% 增加到 0.120%，土壤有效磷（P_2O_5）从 2.92 mg/kg 土增加到 12.01 mg/kg 土。国外试验施用聚丙烯酰胺后，土壤硝态氮含量为 129 mg/kg 土，而对照仅为 40mg/kg 土。施用土壤调理剂，通过改良土壤结构，调节水、气、热等物理条件，使植物有机质大量积累，同时促进了有益微生物活动，间接增加了土壤有效养分含量。

4. 提高土壤的生物学活性 改善了土壤水、肥、气、热状况，为微生物活动创造了良好的环境条件。国外试验，施用土重 0.1% 的聚丙烯酰胺，每克土壤细菌数量达 2 573 个，而对照只有 713 个，比对照多 2.5 倍。可见施用土壤调理剂能加强土壤微生物的生命活动，提高土壤的生物学活性。

综上所述，施用土壤调理剂，为土壤创造了团粒结构，改善了土壤的物理、化学、生物学性质，为作物生长发育创造了适宜的环境条件，对农作物的产量提高和品质改善产生直接影响。

5. 土壤调理剂的环境风险 施用土壤调理剂有潜在的环境风险问题。与肥料相比，土壤调理剂的施用量相对较大，目前市场上销售产品推荐施用量一般为 900 kg/hm² 左右，有些甚至达到 1 500 kg/hm² 以上，并且需要多次或多季施用，因此统计施用总量就更加可观，潜在的环境风险很大，尤其是固体废弃物和高分子聚合物类的调理剂。

目前，由于工业和城市生活废弃物的处理技术尚不成熟，即使已有技术可以处理，但是因成本或效率问题而无法实现这些废弃物的全部无害化处理，从而导致这些废弃物向农业生产领域转移的巨大压力，有害成分和风险同时也转移到了农业生产中，转移到了食物链的起点。例如某些以钢渣或水淬渣等为原料制成的土壤调理剂，由于矿石原料或工艺过程中所用催化剂等物质重金属背景值较高，由其制成的土壤调理剂重金属铅（Pb）含量通常较高。如果长期大量施用该类土壤调理剂，必然造成土壤中重金属铅累积，并最终通过食物链威胁到人类。

人工合成的高分子聚合物种类繁多，物理化学性质也千差万别，将其作为土壤调理剂施用后，由于其在农田环境中的降解和演变过程目前还没有研究清楚，高聚物降解产生的中间产物或最终产物是否对土壤、植物、地下水等产生危害尚未可知。以聚丙烯酰胺为例，其残留单体丙烯酰胺就是一种已知的致癌物质。

此外，天然矿物源调理剂的施用也并非完全没有风险，有学者就指出，大量施用该类调理剂后分解释放出的阳离子对土壤也可能产生毒害作用。天然矿石的成分因成岩机制和条件不同相当复杂,用于制造土壤调理剂的矿物原料必须要进行全成分分析,否则一些潜在的风险无法避免。

(三)农药对耕地质量的作用

农药本身作为毒性较大的物质,在用于杀灭害虫、杀菌时,往往附带各种风险。

1. 增强病菌、害虫对农药的抗药性 长时间使用同一种农药,最终会增强病菌、害虫的抗药性,以后对同种病菌、害虫的防治必须不断加大农药的用药量,形成恶性循环,不利于可持续发展的循环农业。

2. 对土壤生物多样性的影响 绝大多数农药无差别毒害各种生物,其中包括对非针对去除的有益生物,如青蛙、蚯蚓和土壤微生物等。土壤生物群落遭到破坏,土壤呼吸和缓存作用等各项依赖生物活动的功能也将受到影响。

3. 持久性有机污染物 持久性有机污染物(POPs)是农药施用过程中常带有的具高毒性、持久性和易于积累的污染物,因为难以在自然环境中降解,其迁移过程也可以持续很久,严重影响生态环境安全。

4. 污染大气、水环境,造成土壤板结 流失到环境中的农药通过蒸发、蒸腾,飘到大气之中,飘动的农药又被空气中的尘埃吸附住,并随风扩散,造成大气环境的污染。大气中的农药,又通过降雨,进入水体从而造成水环境的污染,对人、畜,特别是水生生物(如鱼、虾)造成危害。同时,流失到土壤中的农药,也会造成土壤板结。

可见,农药若泛滥使用,不仅会造成环境的污染,同时对人体健康造成危害。

(四)农膜对耕地质量的作用关系

1. 农用地膜的优点 用于地面覆盖,以提高土壤温度,保持土壤水分,而且根据不同的种类还有灭草、防病虫、防旱抗涝、抑盐保苗、改进近地面光热条件,使产品卫生清洁等多项功能。对于那些刚出土的幼苗来说,具有护根促长等作用。对于我国三北地区,低温、少雨、干旱贫瘠、无霜期短等限制农业发展的因素,具有很强的针对性和适用性。对于种植二季水稻育秧及多种作物栽培上也起到了有益的作用。在全国 31 个省份普及和应用,用于粮、棉、油、菜、瓜果、烟、糖、药、麻、茶、林等 40 多种农作物上,使作物普遍增产 30%～50%,增值 40%～60%,深受广大农民的欢迎。

2. 农膜的环境风险 相关研究结果显示,2017 年,中国农用塑料薄膜使用量为 2 528 600 t;经过农用薄膜回收和土壤侵蚀过程后,农用塑料残留量达 465 016 吨,回收率不足 2/3,耕地土壤平均残留量为 60 kg/hm^2。西北干旱绿洲区是我国农膜使用量最大的区域,耕地农膜残留污染也最为严重,如新疆地膜覆盖总面积已近 3.405×10^6 hm^2,达到其耕地总面积的 50% 以上。对其 20 个县的调查数据显示,农田地膜残留量平均为 255 kg/hm^2,是全国平均值的 5 倍,其中地膜残留量大于 225 kg/hm^2 的农田占 80%,农田残膜污染严重。使用的农膜<0.008mm 时,超薄膜易破碎,与 0～20cm 耕层土壤混合在一起,形成了残膜碎片障碍层,导致土壤理化性质下降。

①阻碍作物根系的深孔和对土壤的水分吸收.造成弱苗、死苗、倒伏和减产。

②残留碎片还会随着农作物的秸秆和饲料进入牛、羊等家禽的食物之中,家畜误服残膜碎片后,可导致家畜的肠、胃功能失调,膘情下跌,甚至死亡。

③燃烧残片会造成二次大气污染。

④有些残膜被吹到田边地角、水沟、池塘、河流中，或挂到树上，造成环境公害。

地膜降解物致使环境污染风险增加，残留地膜在土壤中可释放出无机污染物和有机污染物，对土壤性质和农作物的生长造成影响。残留地膜中含有的增塑剂、抗氧化剂和阻燃剂是导致土壤有机物污染的主要原因，其中增塑剂多为酞酸酯类化合物，逐渐释放到环境中，对空气、水和土壤等造成污染，通过食物链进入人体危害健康，环境和健康风险加剧。微塑料作为近来的研究热点，也在土壤中被发现。研究表明，大量地膜的残留可能成为农田土壤微塑料污染的重要来源，覆膜农田微塑料含量大约是不覆膜农田的两倍。

第二章　有机肥料

有机肥是以有机物质为主体，富含大量营养物质的高质量肥料。有机肥料农业行业标准 NY/T525—2021 定义有机肥料为"主要来源于植物和（或）动物，经过发酵腐熟的含碳有机物料，其功能是改善土壤肥力、提供植物营养、提高作物品质"。商品有机肥是主要来源于生物（人、动物、植物及代谢产物）废弃物，经过物理、化学、生物等方法工艺加工处理的，符合有机肥国家标准的、有包装、有商标、在市场出售的产品有机肥。

有机肥料富含有机质，是一类含有多种营养成分的肥料，在农业生产中具有非常重要的作用。有机肥料除了富含植物必需的氮磷钾营养元素外，还含有植物和微生物生命活动必需的其他大量和微量营养元素，含有生物活性物质（酶、氨基酸、糖类等），含有多种参与有机物质转化过程的功能微生物。施用有机肥不仅丰富土壤养分和提供植物营养物质，同时改良土壤结构，改善土壤物理、化学和生物特性。有机质分解和更新过程维持土壤缓效养分和速效养分动态平衡，促进土壤微生物繁殖。施用有机肥对土壤水、气、热都具有调节作用，为土壤生命活动提供适宜条件。施用有机肥是加速熟化土壤、快速培肥地力、提高土壤质量、保障土壤质量良性循环、土壤肥力持续提高的重要措施，对农产品高产稳产也具有非常重要的作用，特别是提高农产品质量、提高经济作物风味以及商品价值也具有非常重要作用。在农业投入品中商品有机肥受到青睐，需求量越来越大，特别是在绿色食品、无公害食品、有机农业的发展方面，各种各样有机肥生产发展迅速。随着对环境安全、对农产品安全生产以及农产品高品质的追求，有机肥使用的安全性也被广泛关注。

第一节　有机肥料种类与应用现状

一、有机肥料种类

有机肥分为有机肥、有机无机复合肥、生物有机肥和其他新型有机类肥料。有机肥的种类按来源分，包括粪尿肥类、堆沤肥类、秸秆肥类、绿肥类、土杂肥类、饼肥类、海肥类、农用城镇废弃物类、腐殖酸类肥、沼气肥类。各种不同来源的有机肥料大约有225 种。

粪尿肥类有 32 种：人粪、人尿、人粪尿、猪粪、猪尿、猪粪尿、马粪、马尿、马粪尿、牛粪、牛尿、牛粪尿、骡粪、骡尿、驴粪、驴尿、驴粪尿、羊粪、羊尿、羊粪尿、兔粪、鸡粪、鸭粪、鹅粪、鸽粪、蚕沙、狗粪、鹌鹑粪、貂粪、猴粪、大象粪、蝙蝠粪等。

堆沤肥类有 15 种：堆肥、沤肥、草塘泥、凼肥、猪圈粪、马厩粪、牛栏粪、骡圈粪、驴圈粪、羊圈粪、兔窝粪、鸡窝粪、鹅棚粪、鸭棚粪、土粪等。

秸秆肥类有 32 种：水稻秸秆、小麦秸秆、大麦秸秆、玉米秸秆、荞麦秸秆、大豆秸秆、油菜秸秆、花生秆、高粱秸、谷子秸秆、棉花秆、马铃薯藤、甘薯藤、烟草秆、辣椒秆、香茄秆、向日葵秆、西瓜藤、甜瓜藤、草莓秆、麻秆、冬瓜藤、南瓜藤、绿豆秆、豌豆秆、胡豆秆、香蕉茎叶、甘蔗茎叶、洋葱茎叶、芋头茎叶、黄瓜藤、芝麻秆等。

绿肥类有 74 种：紫云英、苕子、金花菜、紫花苜蓿、草木樨、豌豆，箭筈豌豆、蚕豆、萝卜菜、油菜、田菁、圣麻猪屎豆、绿豆、豇豆、泥豆、紫穗槐、三叶草、沙打旺、满江红、水花生、水浮莲、水葫芦、蒿草、苦刺、金尖菊、山杜鹃、黄荆、马桑、扁荚山鳖豆、青草、桤木、粒粒苋、小葵子、黑麦草、印尼大绿豆、络麻叶、母须、空心莲子草、山青、葛藤、红豆草、茅草、含羞草、马豆草、松毛、蕨菜、合欢、马樱花、大狼毒、麻栎叶、绊牛豆、鸡豌豆、菜豆、笆豆藤、博荷、野烟、麻柳、山毛豆、秧青、无芒雀麦、橡胶叶、稗草、狼尾草、红麻、杷豆、竹豆、过河草、串叶松香草、苍耳、小飞蓬、野扫帚、多变小冠华、大豆、飞机草等。

土杂肥类有 28 种：草木灰、泥肥、肥土、炉灰渣、烟筒灰、焦泥灰、屠宰场废弃物、熟食废弃物、蔬菜废弃物、酒渣、酱油渣、粉渣、豆腐渣、醋渣、味精渣、糖粕、食用菌渣、酱糟、磷脂肥、药渣、黄麻麸、羽毛渣、骨粉、自然土、尿灰、杂灰、烟厂渣等。

饼肥类主要有 15 种：豆饼、菜籽饼、花生饼、芝麻饼、茶籽饼、桐籽饼、棉籽饼、柏籽饼、葵花籽饼、蓖麻籽饼、胡麻饼、烟籽饼、兰花籽饼、线麻籽饼、栀籽饼等。

海肥类有 9 种：鱼类、鱼杂类、虾类、虾杂类、贝类、贝杂类、海藻类、植物性海肥、动物性海肥等。

农用城镇废弃物类有 10 种：城市垃圾、生活污水、粉煤灰、钢渣、工业废水、工厂污泥、工业废渣、肌醇渣、生活污泥、糠醛渣等。

腐殖酸类肥有 8 种：褐煤、风化煤、腐殖酸钠、腐殖酸钾、腐混肥、腐殖酸、草甸土、复合钙肥等。

沼气肥类有 2 种：沼液、沼渣。

二、有机肥料制作方法

有机肥制作的主要原理是利用高温发酵分解原生有机物质，使养分有效化，消灭有害杂菌、虫卵等其他有害物质。常见的有机肥制作方法有以下几种：

饼肥的制作方法：主要是菜籽饼、棉籽饼、花生饼、豆饼等各类油渣饼，是一种优质的有机肥料，氮磷含量非常高，肥效平衡持久，效果要优于化肥。目前饼肥制作方法一般都采用堆积发酵腐熟方法，水分控制在 40%～50%，堆积发酵即可。发酵期一般为 7～15d，通过发酵降解大分子有机物，提高肥效，消灭有害杂菌，杀死虫卵，人工或者机械压制成饼状。

沤肥的制作方法：将垃圾、粪尿、绿肥、粉碎秸秆、灰肥和草皮等混合，放入沤肥池或者坑中沤制。在沤肥时可加入 0.5%～1% 的生石灰，以加速寄生虫卵的死亡和绿肥的腐熟。沤制过程中需要保持沤肥池或者坑内适宜的水分和通气，最好每间隔 10d 左右翻坑倒肥一次，这样既能使有机物料腐熟均匀、提高沤肥的速度，又能杀灭蚊卵而防止蚊虫滋生。

堆肥的制作方法：堆制地点要选择地势较高、背风向阳、离水源较近、运输施用方便的地方。地面要求平坦，设置堆肥过程的纵横通气通道。一般堆积材料配合比例是：各种作物秸秆、杂草、落叶等 500 kg 左右，加入粪尿 100～150 kg，水 50～100 kg，再加酵素菌充分混匀，层状堆积，层厚度 15～25 cm，一般堆积高度 1.2～1.5 m 为宜，塑料薄膜密封以保水保温，3～5 d 堆内温度缓慢上升，7～8 d 后堆内温度可达 60～70℃，及时检测温度和湿度，每 15～20 d 翻堆一次，促进腐熟。堆制过程中要经常测温度、水分，直到原材料已近黑、烂、臭的程度，表明已基本腐熟，就可以使用了。

厩肥的制作方法：在禽畜养殖的圈舍内，经常铺垫干土、草木灰、作物秸秆作为垫料等制作厩肥。干土、草木灰、作物秸秆用以吸收粪尿液体和气味，向垫料上撒微生物分解菌剂以促进有机物料快速腐熟。厩肥的腐熟程度一般不如堆肥，所以，厩肥常采取过段时间搬出畜舍，如堆肥般进行处理。

沼气肥的制作方法：首先建立沼气池，8 m³ 沼气池需牛、马粪 2 m³，入池前，在池外堆沤 5～7 d，以丰富有机物分解的菌种，加快发酵启动。气温低的情况下，最好温水启动，水温 30～50℃ 为宜。发酵沼气产生结束时的废渣废液，可以作为有机蔬菜生产的肥料。

生物有机肥的制作方法：利用发酵好的有机肥料，加入适量的生物菌，充分搅拌均匀之后，加工制成生物有机肥。适用于各种土壤和作物，具有相当显著的肥料效应。生物有机肥料中的菌类能分解土壤中不能被作物吸收的磷肥和钾肥，释放出磷、钾等多种营养成分。随着我国有机农业的快速发展，生物有机肥料越来越具有广阔的市场前景。

三、有机肥料应用现状

(一)我国有机肥生产与应用概况

有机肥是提高土壤质量不可或缺的肥料资源，是经济作物生产必备的重要肥料。随着人们生活质量的提高，高质量的无公害农产品、有机食品、水果、蔬菜走向餐桌，"无公害食品"、"绿色食品"、"有机食品"认证等都与其生产过程有机肥施用密切相关。农业生产过程中有机肥市场需求量日益增长，带动了有机肥产业大力发展。现阶段有机肥生产根据需求主要有三大类：有机无机复合肥，不仅有一定的有机质含量，而且营养成分含量相对较高，是目前有机肥企业主要的生产类型；精制有机肥，以高含量有机质为主，是有机农产品和绿色农产品的主要肥料；生物有机肥，除含高量有机质外，还含有促进有机质快速分解的微生物。我国市场有机肥需求量很大，生产量不能满足市场需求。据《农业年鉴》记载，2000—2010 年的 10 年间我国有机肥料销售年均增速达到 56.72%，销售收入由 2000 年的 3.55 亿元增长至 2010 年的 317.63 亿元，增长了近 100 倍。2011—2018 年中国有机肥行业产量折纯由 900 万 t 增加到 1 381 万 t，增长了 53%。2018 年我国精制有机肥料 617 万 t，占总产量的 44.68%；有机无机复合肥料 522 万 t，占 37.80%；生物有机肥料 242 万 t，占 17.52%（图 2-1）。据《2021 年农业年鉴》记载，全国有机肥使用面积达到 36 666.7 万 hm²，有机肥使用主要以经济作物蔬菜、水果和特种经济作物为主。当前推进有机肥替代化肥，正在探索有机肥替代化肥的技术路线和运行机制。随着农业生产对肥料需求的变化，商品有机肥发展趋于复合多功能化，营养成分在种类和比例上逐步趋于迎合农产品需求，特种经济作物专用有机肥特色明显，所占商品有机肥比例越来越大。

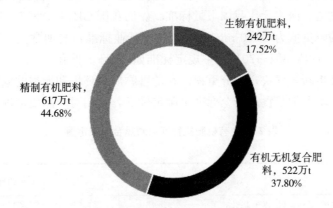

图 2-1　我国 2018 年有机肥产量

（二）有机肥的资源量与利用现状

我国有机肥料资源十分丰富，种类多，数量大，是农业生产的重要肥源，也是农业、畜牧业生产的副产物。所以农业、畜牧业越发展，有机肥资源就越丰富。据调查，我国市场有机肥原料有 14 类 100 多种。

文献综合分析表明，目前年产有机肥原料实物量约 57 亿 t，其中人粪尿约 8 亿 t（鲜），畜禽粪尿约 38 亿 t（鲜），秸秆年产约 10 亿 t（风干），绿肥约 1.0 亿 t（鲜），以及饼肥约 0.2 亿 t（风干），能够提供氮磷钾（$N+P_2O_5+K_2O$）总养分约 7 300 万 t，其中 N 约 3 000 万 t、P_2O_5 约 1 300 万 t、K_2O 约 3 000 万 t。还有每年城市垃圾产量约为 1.2 亿 t。农业生产中商品有机肥的使用量约为 2 200 多万 t，以有机肥形式的用量约为 1 000 万 t，以有机无机复混肥形式的用量约为 850 万 t，以生物有机肥形式的用量约为 270 万 t。

（三）有机肥生产存在问题

相对于化肥，有机肥还存在生产和使用成本较高，农民对有机肥的特性及效果认识不足，以及生产技术问题（设备简陋、生产工艺落后、技术人员管理不到位）导致有机肥产品质量不佳等问题。大多数地区有机肥料产品抽检不合格率在 10% 以上，有机物质腐熟不够均匀、不彻底，有机肥产品残留有害菌类、虫卵，使用中产生虫蝇、臭气、致病菌等，肥效不稳。有些有机肥原材料中含有有毒有害物质如：重金属超标、有机污染物等。

（四）我国有机肥质量管控标准

我国农业行业有机肥现执行的标准为《有机肥料》（NY525—2021），生物有机肥执行的标准为《生物有机肥》（NY 884—2012），标准中除对有效成分含量有规定外，还对有害成分含量做了规定。我国有机肥对重金属限量值（表 2-1），与国外有机肥对重金属限量标准（表 2-2）相比，我国对镉的限量和加拿大、瑞士相同，德国、丹麦、意大利、荷兰限量低于我国，比我国严格，比利时、澳大利亚、法国、西班牙都比我国的限量值高；我国对铬的限量和比利时、澳大利亚、瑞士相同，德国和意大利限量低于我国，比我国严格，加拿大、荷兰、西班牙都比我国的限量值高；我国对铅的限量是 50 mg/kg，低于加拿大、瑞士、德国、丹麦、意大利、荷兰、比利时、澳大利亚、法国、西班牙；我国对汞的限量和瑞士的一样，加拿大、德国、丹麦、意大利、荷兰都比我国的严格，比利时、澳大利亚、法国、西班牙比我国限量标准高。而我国 GB/T 18877—2009 有机—无机复混肥料中对铅的限量值为≤150 mg/kg，远高于行业标准，与加拿大、德国、瑞士的相同。《生物有机肥》（NY 884—2012）中规定标准如表 2-3 所示。

发达国家标准更新频率快，十分重视潜在危害物质对环境和人类的危害，以有机肥品质为基础，结合土壤保护与食品安全标准来制定标准，定期对产品质量进行抽样检查。

表 2-1　有机肥执行标准对重金属限定量

单位：mg/kg

项目	限量指标
总砷（As）（以烘干基计）	≤15
总汞（Hg）（以烘干基计）	≤2
总铅（Pb）（以烘干基计）	≤50
总镉（Cd）（以烘干基计）	≤3
总铬（Cr）（以烘干基计）	≤150

表 2-2　部分欧美国家有机肥产品重金属含量限制标准

单位：mg/kg

国家	Cd	Cr	Cu	Pb	Hg	Ni	Zn
澳大利亚	4.0	150	400	500	4.0	100	1 000
比利时	5.0	150	100	600	5.0	50	1 000
加拿大	3.0	210	100	150	0.8	62	500
瑞士	3.0	150	150	150	3.0	50	500
德国	1.5	100	100	150	1.0	50	400
丹麦	1.2			120	1.2	45	
法国	8.0			800	8.0	200	
意大利	1.5	100	300	140	1.5	50	500
荷兰	2.0	200	300	200	2.0	50	90
西班牙	40.0	750	1 750	1 200	25.0	400	4 000

表 2-3　生物有机肥产品技术指标要求

项目	技术指标	
有效活菌数（亿 cfu/g）	≥	0.20
有机质（干基）（%）	≥	40.0
pH		5.5～8.5
大肠杆菌数（个/g）	≤	100
蛔虫卵死亡率（%）	≥	95
有效期（月）	≥	6

四、有机肥料清单名录

参见表 2-4。

表 2-4 有机肥类目录信息

序号	品类	品名	主要成分或原料	有效性	安全性	适用土壤或作物	安全性评价指标
1	粪尿类	人粪尿	纤维素、半纤维素、脂肪、脂肪酸、蛋白质及氨基酸、酶、粪胆质等有机质，氮0.5%～0.8%，磷0.2%～0.4%，钾0.2%～0.3%	按全国有机肥品质分级标准划分属于一级、速效、养分含量高，氮素、磷素较多，易被作物吸收	带有各种病菌和寄生虫卵，需要经过处理后才能施用	忌氯作物和干旱、排水不畅的盐碱土不宜多施	总汞、总砷、总铅、总镉、总铬、蛔虫卵和类大肠杆菌群
2	粪尿类	猪粪尿	纤维素、半纤维素、蛋白质及分解产物、脂肪类、有机酸、氨化微生物、尿素、尿酸、马尿酸及磷钾钠钙镁等无机盐	按全国有机肥品质分级标准划分属于二级，含有各种养分，腐殖质含量高，可以提高土壤的保蓄能力	避免与草木灰混施造成氮素挥发损失	各种土壤、各种作物	总汞、总砷、总铅、总镉、总铬、蛔虫卵和类大肠杆菌群
3	粪尿类	牛粪尿	粗蛋白、粗脂肪、粗纤维等有机质，少量氮磷钾等无机盐	按全国有机肥品质分级标准划分属于三级，养分含量中等，可使土壤疏松，易于耕作	为了达到养分转化和消灭病菌虫卵的目的，必须要腐熟后施用，且不宜与碱性肥料混合	各种土壤、各种作物	总汞、总砷、总铅、总镉、总铬、盐分、蛔虫卵和类大肠杆菌群
4	粪尿类	马粪尿	较多的纤维素、半纤维素、木质素，还有蛋白质、脂肪、有机酸及少量氮磷钾等无机盐	按全国有机肥品质分级标准划分属于三级，养分含量中等，分解腐熟快	带有病菌虫卵，需要腐熟后施用	各种土壤、各种作物	总汞、总砷、总铅、总镉、总铬、盐分、蛔虫卵和类大肠杆菌群
5	粪尿类	羊粪尿	纤维素、半纤维素、木质素、蛋白质及分解产物等有机质及氮磷钾等无机盐	按全国有机肥品质分级标准划分属于二级，氮主要形态为尿素，容易分解，易被作物吸收	带有病菌虫卵，需要腐熟后施用	各种土壤、各种作物	总汞、总砷、总铅、总镉、总铬、盐分、蛔虫卵和类大肠杆菌群
6	粪尿类	家禽粪	纤维素、蛋白质等有机物、氮磷钾等无机盐及各种微量元素、氨基酸、糖、核酸、维生素、脂肪、有机酸、植物生长激素	按全国有机肥品质分级标准划分属于二级，养分含量高，质量好	施用不宜过量，否则对作物苗期有毒害	各种土壤、各种作物	总汞、总砷、总铅、总镉、总铬、盐分、蛔虫卵和类大肠杆菌群

（续）

序号	品类	品名	主要成分或原料	有效性	安全性	适用土壤或作物	安全性评价指标
7	粪尿类	兔粪尿	粗蛋白、粗纤维、矿物质及氮磷钾等无机盐	按全国有机肥品质分级标准划分属于二级，施入土壤分解快，肥效易于发挥	需要腐熟后施用	各种土壤、各种作物	总汞、总砷、总铅、总镉、总铬、蛔虫卵和类大肠杆菌群
8	粪尿类	蚕沙	粗蛋白、粗纤维、粗脂肪、富含叶绿素、维生素E、K及氮磷钾等无机盐	是一种优质的有机肥，氮、钾含量很高	属热性肥料，需腐熟后施用	各种土壤、各种作物	总汞、总砷、总铅、总镉、总铬、蛔虫卵和类大肠杆菌群
9	粪尿类	鸽粪	粗蛋白、纯蛋白、各类氨基酸、B族维生素、氮磷钾及多种微量元素	按全国有机肥品质分级标准划分属于二级，氮磷钾含量居粪尿类之首	需要腐熟后施用，否则会导致病虫害传播，烧伤农作物和土地缺氧	各种土壤、各种作物	总汞、总砷、总铅、总镉、总铬、蛔虫卵和类大肠杆菌群
10	堆沤肥类	堆肥	有机磷、氰化物、多氯联苯、总盐	有机质含量十分丰富，氮磷钾养分均衡，还含有多种微量元素	应在腐熟后施用，避免烧根烧苗	各种土壤、各种作物	总汞、总砷、总铅、总镉、总铬、蛔虫卵和类大肠杆菌群
11	堆沤肥类	沤肥	有机质、氮磷钾及各种微量元素	肥效稳而长，但供肥强度不大	需要腐熟后施用	各种土壤、各种作物	总汞、总砷、总铅、总镉、总铬、蛔虫卵和类大肠杆菌群
12	堆沤肥类	厩肥	有机质、氮磷钾及各种微量元素	营养成分较齐全，既肥苗又肥土	需要腐熟后施用	各种土壤、各种作物	总汞、总砷、总铅、总镉、总铬、蛔虫卵和类大肠杆菌群
13	堆沤肥类	沼气肥	有机质、腐殖酸、氮磷钾及各种微量元素	按全国有机肥品质分级标准划分属于二级，有改善土壤理化性质的作用	应堆放半月后再施用，降低其中的还原性物质，避免烧苗	一般土壤	总汞、总砷、总铅、总镉、总铬、蛔虫卵和类大肠杆菌群
14	秸秆肥类	秸秆肥	有机质、氮磷钾钙镁硫及各种微量元素	补充土壤有机质，改善土壤理化性质，有蓄水保墒的作用，有利于改善和调节钾素平衡	用量要适宜，要注意调节碳氮比，加强防治病虫害	一般土壤	总汞、总砷、总铅、总镉、总铬、蛔虫卵和类大肠杆菌群
15	绿肥类	绿肥	有机质、氮磷钾钙镁硫及各种微量元素	改善土壤物理性质，供给养分，增强酶的活性，改善有机质品质，保水保肥能力强	可保持水土、改良土壤，能调节气候，防止污染，有利于人畜健康	一般土壤	总汞、总砷、总铅、总镉、总铬、蛔虫卵和类大肠杆菌群

（续）

序号	品类	品名	主要成分或原料	有效性	安全性	适用土壤或作物	安全性评价指标
16	土杂肥类	泥肥	大量有机和无机胶体、少量氮磷钾养分及微量元素	养分分解程度差，属迟效性有机肥料，可改善土壤物理性质，提高土壤保水保肥能力	注意防止重金属元素的积累	一般土壤	总汞、总砷、总铅、总镉、总铬、蛔虫卵和类大肠杆菌群
17	土杂肥类	肥土	有机质、氮磷钾和微量元素	含有较多速效养分，可改善土壤物理性状	施用时要结合灌水，避免与作物争抢水分，造成烧苗	一般土壤	总汞、总砷、总铅、总镉、总铬、蛔虫卵和类大肠杆菌群
18	土杂肥类	草木灰肥	有机质、硅酸盐、碳酸钾、硫酸钾、氯化钾和各种微量元素	无机养分含量较为丰富，也是一种速效型钾肥	不宜与氮素化肥、人畜粪尿及磷酸钙等混存混用	酸性土壤	总汞、总砷、总铅、总镉、总铬、蛔虫卵和类大肠杆菌群
19	饼肥类	糟渣肥	有机质、氮磷钾和各种微量元素	养分含量齐全，多属迟效性肥料	需要经过发酵或腐熟后施用	一般土壤	总汞、总砷、总铅、总镉、总铬、蛔虫卵和类大肠杆菌群
20	饼肥类	饼肥	有机质、氮磷钾和各种微量元素	属于优质有机肥料，养分齐全，分解释放快，肥效快，稳定而持久	属热性肥料，施用不当会引起烧根或影响种子发芽	多种作物、各种土壤	总汞、总砷、总铅、总镉、总铬、蛔虫卵和类大肠杆菌群
21	海肥类	植物性海肥	有机质、氮磷钾、各种微量元素、氨基酸和维生素	速效肥料，分解后的物质可以被迅速利用	需要腐熟后施用	一般土壤	总汞、总砷、总铅、总镉、总铬、盐分、蛔虫卵和类大肠杆菌群
22	海肥类	动物性海肥	有机质、氨基酸、脂肪、蛋白质和各种营养元素	肥效快，后效明显，可以改善土壤物理结构	需要腐熟后施用	一般土壤	总汞、总砷、总铅、总镉、总铬、盐分、蛔虫卵和类大肠杆菌群
23	海肥类	海洋动物介壳	蛋白质、几丁质、糖类、碳酸钙、无机盐等	含钾量较高，含有一定量的微量元素	腐熟后 pH 升高，可适当加入糖醛渣等酸性物质，避免施用于碱性土壤	非碱性土壤	总汞、总砷、总铅、总镉、总铬、盐分、蛔虫卵和类大肠杆菌群
24	海肥类	虾池泥	有机质、氮磷钾、无机盐	养分含量极为丰富	含盐量较高，过量施用可能会污染农田	不适于对氯敏感的作物及盐碱地	总汞、总砷、总铅、总镉、总铬、盐分、蛔虫卵和类大肠杆菌群

（续）

序号	品类	品名	主要成分或原料	有效性	安全性	适用土壤或作物	安全性评价指标
25	腐殖酸类	泥炭肥	有机质、腐殖酸、氨基酸、氮磷钾及多种微量元素	有较强的离子交换能力和盐分平衡控制能力，有较高的生物活性、生理刺激作用和较强的抗旱、抗病、抗低温、抗盐渍作用	酸性较强，需沤制堆肥，同时需要添加碱性物质，以调节微生物的生活环境	一般土壤	总汞、总砷、总铅、总镉、总铬、蛔虫卵和类大肠杆菌群
26	腐殖酸类	腐殖酸	有机质、腐殖酸及氮磷钾等营养元素	激素类肥料，可以用作植物生长调节剂，促进根系发育	施用温度过高会加速作物呼吸作用，降低干物质积累，造成减产	根据目的选择使用	总汞、总砷、总铅、总镉、总铬、蛔虫卵和类大肠杆菌群
27	农用城镇废弃物类	钢渣	有硅、钙的化合物及磷钾等营养元素	养分含量不高，但多为枸溶性，易被吸收利用	不含有机物和氮，施用时应与氮肥或者有机肥配施	一般土壤	总汞、总砷、总铅、总镉、总铬、盐分、蛔虫卵和类大肠杆菌群
28	农用城镇废弃物类	糖醛渣	纤维素、半纤维素、木质素等有机质，少量硫化物	酸性迟效性肥料，养分含量中等	属于强酸性肥料，施用前应与其他有机肥混合堆沤后施用，以提高肥效	盐碱土、石灰性土与缺乏有机质的贫瘠地	总汞、总砷、总铅、总镉、总铬、盐分、有机污染物、蛔虫卵和类大肠杆菌群
29	农用城镇废弃物类	城镇垃圾	有机质、氮磷钾等营养元素和有害成分	养分含量不高但来源数量较大	含有有机污染物、病原菌、寄生虫等，经处理后施用并控制施用量	只限于大田和园林作物，对蔬菜、瓜果等不宜施用	总汞、总砷、总铅、总镉、总铬、盐分、蛔虫卵和类大肠杆菌群
30	农用城镇废弃物类	农用污泥	有机质和多种养分及有害成分	提高土壤有机质和腐质化，有助于土壤物理性质的改善	含有有机污染物、病原菌、寄生虫等，应控制施用量	只限于大田和园林作物，对蔬菜、瓜果等不宜施用	总汞、总砷、总铅、总镉、总铬、盐分、蛔虫卵和类大肠杆菌群
31	生物有机肥	固氮菌肥料	固氮菌微生物、氨基酸、蛋白质、糖、脂肪、胡敏酸、氮磷钾等多种营养元素及固氮菌	营养元素齐全，能够改良土壤，提高产品品质，改善作物根际微生物群	对人、畜、环境安全、无毒，是一种环保型肥料	适合中性富含有机质土壤或配施有机肥	总汞、总砷、总铅、总镉、总铬、蛔虫卵和类大肠杆菌群

（续）

序号	品类	品名	主要成分或原料	有效性	安全性	适用土壤或作物	安全性评价指标
32	生物有机肥	磷细菌肥料	氨基酸、蛋白质、糖、脂肪、胡敏酸、氮磷钾等多种营养元素及磷细菌	使固定在土壤中难溶性磷和有机磷转化成作物能吸收利用的有效磷。磷细菌有促进作物生长、提高农产品品质的作用	对土壤、作物、环境安全、无毒，是一种环保型肥料	一般土壤	总汞、总砷、总铅、总镉、总铬、蛔虫卵和类大肠杆菌群
33	生物有机肥	解钾菌肥料，硅酸盐细菌肥料	氨基酸、蛋白质、糖、脂肪、胡敏酸、氮磷钾等多种营养元素及解钾菌	营养元素齐全，能够改良土壤，提高产品品质，改善作物根际微生物群	对人、畜、环境安全、无毒，是一种环保型肥料	一般土壤	总汞、总砷、总铅、总镉、总铬、蛔虫卵和类大肠杆菌群
34	生物有机肥	硅酸盐细菌肥料（硅酸盐细菌，主要是胶冻样芽孢杆菌）	氨基酸、蛋白质、糖、脂肪、胡敏酸、氮磷钾等多种营养元素及硅酸盐细菌	营养元素齐全，能够改良土壤，提高产品品质，改善作物根际微生物群，可将土壤中难溶性钾溶解出来供作物吸收利用，可分解土壤中难溶性磷及其他矿质养分，能产生刺激作物生长的物质	对人、畜、环境安全、无毒，是一种环保型肥料	一般土壤	总汞、总砷、总铅、总镉、总铬、蛔虫卵和类大肠杆菌群
35	生物有机肥	复合菌肥料	氨基酸、蛋白质、糖、脂肪、胡敏酸、氮磷钾等多种营养元素及复合菌	营养元素齐全，能够改良土壤，提高产品品质，改善作物根际微生物群	对人、畜、环境安全、无毒，是一种环保型肥料	一般土壤	总汞、总砷、总铅、总镉、总铬、蛔虫卵和类大肠杆菌群
36	有机无机复混肥	有机无机复混肥	化肥、腐殖酸、氨基酸、有益微生物菌、有机质	富含有机质，固氮、解磷、解钾，改良土壤	安全无毒无害	各种土壤、各种作物	总汞、总砷、总铅、总镉、总铬、蛔虫卵和类大肠杆菌群

第二节　有机肥料的安全性分析

从有机肥的原料来源、生产制作过程来看，有机肥的安全性因素主要考虑其腐熟程度、虫卵、病原菌、高盐、高酸、高碱、重金属、抗生素等其他有害因素。

一、有机肥腐熟程度、虫卵、病原菌危害

有机肥的主要原料是有机物质。有机肥制作要经过发酵过程，是微生物参与驱动、高

分子有机物质分解、养分有效化的过程。腐熟好的有机肥有效养分含量高，去除了有机物质分解过程中不稳定的、有毒有害的发酵中间产物，发酵高温杀死了全部的虫卵、杂草种子及有害的病菌等，有机肥产品无臭味。未腐熟好的有机肥有臭味，带有虫卵、病原菌，使用过程中虫卵、病原菌繁殖产生虫子和致病菌，污染环境，甚至导致作物发生病虫害；未腐熟有机物质后分解过程产生有机酸等有毒有害物质，会影响种子发芽，影响根系和植物生长，是不安全因素。

二、有机肥高盐、高酸、高碱危害

有机肥的高盐、高酸、高碱主要是其原料来源于酒渣、酱油渣、粉渣、豆腐渣、醋渣、味精渣、糖粕、食用菌渣、酱糟、磷脂肥、药渣、黄麻麸、羽毛渣、肌醇渣、糠醛渣、骨粉、杂灰、烟厂渣、粉煤灰、钢渣、城市垃圾、生活污水、生活污泥、工业废水、工厂污泥等废渣。这些副产物原料虽然主要是有机物料，但是经过化学处理，添加过酸或碱性化学物质，其 pH 很高或者很低，且盐分含量高。作为有机肥制作原料如果不对其 pH 进行调整、不进行脱盐处理就会影响有机肥发酵过程，这样的有机肥进入土壤会对土壤 pH 产生不良影响，会对土壤理化性质变化产生一系列影响，会使土壤发生次生盐渍化。农业农村部耕地质量监测保护中心和中国农业科学院农业资源与农业区划研究所2018 年对全国 208 个商品有机肥 pH 和盐分调研结果（表 2-5），有 8.17% 的样品 pH 低于 5.5（有机肥中 pH 的限量值 5.5～8.5）。虽然有机肥总盐分含量还没有限量标准，但是对长期使用高盐有机肥的土壤要进行总盐和 pH 监测，如果土壤盐分有积累趋势，就要注意有机肥使用的安全问题，以防土壤次生盐渍化产生。

表 2-5 有机肥 pH、电导率及盐分含量

编号	pH	电导率（mS/cm）	盐分含量（%）	编号	pH	电导率（mS/cm）	盐分含量（%）
1	6.80	8.28	2.53	15	5.74	58.08	17.72
2	7.49	11.21	3.43	16	3.57	20.1	6.14
3	7.36	10.99	3.36	17	5.65	57.52	17.55
4	7.44	11.03	3.37	18	5.52	8.97	2.74
5	7.10	7.15	2.19	19	5.24	7.81	2.39
6	7.50	11.23	3.43	20	5.70	58.6	17.88
7	7.47	13.57	4.15	21	5.69	62.04	18.93
8	6.39	38.24	11.67	22	7.23	8.19	2.50
9	6.66	8.35	2.55	23	7.04	7.94	2.43
10	6.57	12.74	3.89	24	6.84	24.2	7.39
11	5.96	16.38	5.00	25	6.87	38.88	11.86
12	6.88	16.33	4.99	26	6.62	13.1	4.00
13	6.65	7.97	2.44	27	6.81	10.49	3.21
14	6.23	2.44	0.75	28	5.14	44.64	13.62

（续）

编号	pH	电导率（mS/cm）	盐分含量（%）	编号	pH	电导率（mS/cm）	盐分含量（%）
29	6.67	69.8	21.29	61	5.23	57.16	17.44
30	6.18	6.93	2.12	62	5.19	98.16	29.94
31	6.45	16.65	5.08	63	5.58	60.44	18.44
32	7.01	13.95	4.26	64	5.78	73.6	22.45
33	7.03	11.64	3.56	65	7.48	16.87	5.15
34	5.31	95.2	29.04	66	6.35	9.75	2.98
35	7.72	16.43	5.02	67	7.49	13.34	4.08
36	7.75	9.73	2.97	68	7.48	20	6.11
37	6.84	6.77	2.07	69	7.27	4.66	1.43
38	7.49	20.6	6.29	70	6.04	21.3	6.50
39	5.94	16.77	5.12	71	5.46	97.2	29.65
40	5.70	75.96	23.17	72	7.01	19.69	6.01
41	7.23	5	1.53	73	6.92	24.4	7.45
42	6.36	13.85	4.23	74	7.06	13.21	4.04
43	6.27	12.17	3.72	75	6.61	8.11	2.48
44	6.70	14.64	4.47	76	6.97	18.44	5.63
45	6.00	47.88	14.61	77	5.43	51.2	15.62
46	7.39	5.3	1.62	78	5.77	15.29	4.67
47	5.35	20.4	6.23	79	6.48	20.5	6.26
48	5.41	2.29	0.71	80	6.59	15.38	4.70
49	7.38	3.86	1.18	81	6.65	8.56	2.62
50	5.76	44.48	13.57	82	6.93	12.53	3.83
51	7.30	6.55	2.00	83	6.93	2.94	0.90
52	6.38	8.7	2.66	84	5.11	8.71	2.66
53	5.57	8.66	2.65	85	6.70	8.54	2.61
54	6.19	73.4	22.39	86	6.58	52.52	16.02
55	4.34	8.17	2.50	87	5.70	73.08	22.29
56	4.68	62.84	19.17	88	6.77	16.83	5.14
57	5.41	47.32	14.44	89	6.55	21	6.41
58	6.05	17.17	5.24	90	6.85	24.9	7.60
59	3.36	142.56	43.48	91	8.30	9.88	3.02
60	4.96	4.91	1.50	92	7.87	12.12	3.70

（续）

编号	pH	电导率（mS/cm）	盐分含量（%）	编号	pH	电导率（mS/cm）	盐分含量（%）
93	7.07	18.4	5.62	124	6.36	61.28	18.69
94	6.45	53.44	16.30	125	6.49	6.78	2.07
95	6.74	35.04	10.69	126	5.56	5.4	1.65
96	6.28	19.65	6.00	127	6.45	10.99	3.36
97	6.77	44.48	13.57	128	5.64	75.6	23.06
98	6.95	10.85	3.32	129	6.53	35.56	10.85
99	6.17	39.16	11.95	130	7.31	3.73	1.14
100	6.96	18.5	5.65	131	6.01	14.99	4.58
101	7.35	6.31	1.93	132	7.95	3.52	1.08
102	7.47	10.34	3.16	133	5.83	10.33	3.16
103	7.23	7.19	2.20	134	6.73	39.2	11.96
104	6.79	15.33	4.68	135	7.89	37.72	11.51
105	7.24	3.99	1.22	136	5.78	74.4	22.70
106	6.81	18.35	5.60	137	6.31	10.45	3.19
107	6.69	9.49	2.90	138	6.54	20	6.11
108	6.85	9.83	3.00	139	6.53	10.17	3.11
109	5.67	36.8	11.23	140	7.85	12.82	3.92
110	5.60	47.92	14.62	141	7.23	10.61	3.24
111	7.45	31.92	9.74	142	5.07	86.4	26.35
112	6.45	18.73	5.72	143	7.68	10.8	3.30
113	6.22	15.82	4.83	144	7.79	9.94	3.04
114	6.80	18.13	5.54	145	7.17	16.04	4.90
115	6.74	7.87	2.41	146	6.91	12.34	3.77
116	7.22	12.06	3.68	147	5.73	39.8	12.14
117	7.11	11.05	3.38	148	6.28	16.81	5.13
118	7.68	9.22	2.82	149	7.33	12.19	3.72
119	6.31	19.12	5.84	150	7.16	12.12	3.70
120	6.27	46.8	14.28	151	7.40	22	6.72
121	6.54	7.47	2.28	152	7.24	10.79	3.30
122	6.80	31.68	9.67	153	7.50	3.84	1.18
123	6.42	13.52	4.13	154	6.50	23.5	7.17

（续）

编号	pH	电导率（mS/cm）	盐分含量（%）	编号	pH	电导率（mS/cm）	盐分含量（%）
155	7.44	10.92	3.34	182	6.42	22.9	6.99
156	7.93	8.26	2.53	183	6.27	38.32	11.69
157	6.89	18.58	5.67	184	7.60	11.33	3.46
158	6.54	44.4	13.55	185	6.90	16.26	4.97
159	6.97	14.32	4.37	186	6.79	16.83	5.14
160	6.64	37	11.29	187	8.50	14.63	4.47
161	5.76	9.31	2.85	188	7.08	19.42	5.93
162	6.34	10.12	3.09	189	7.70	12.03	3.68
163	7.74	8.94	2.73	190	8.12	6.11	1.87
164	6.80	7.6	2.32	191	6.45	20	6.11
165	7.28	10.32	3.15	192	6.42	16.59	5.07
166	7.01	14.1	4.31	193	7.03	10.64	3.25
167	7.21	8.48	2.59	194	6.70	22.9	6.99
168	7.41	23.7	7.23	195	6.93	63.52	19.38
169	7.25	12.05	3.68	196	6.75	47.44	14.47
170	8.26	3.35	1.03	197	5.69	59.6	18.18
171	8.25	9.23	2.82	198	7.76	35.52	10.84
172	6.80	12.54	3.83	199	6.47	13.88	4.24
173	6.11	18.53	5.66	200	5.77	13.07	3.99
174	7.08	10.65	3.25	201	6.59	44.88	13.69
175	5.76	54.64	16.67	202	7.76	42.72	13.03
176	7.71	6.02	1.84	203	6.55	33.28	10.16
177	6.90	10	3.06	204	7.56	12.27	3.75
178	7.54	8.92	2.73	205	5.97	36.24	11.06
179	7.42	33.76	10.30	206	6.21	23.2	7.08
180	7.47	34.24	10.45	207	6.59	13.03	3.98
181	7.71	8.01	2.45	208	6.35	34.32	10.47

三、有机肥中重金属危害

有机肥中的重金属主要来自原料：畜禽粪便、秸秆、城市垃圾、生活污水、生活污泥、粉煤灰、钢渣、工业废水、工厂污泥、工业废渣等，这些废弃物原材料中含有大量重金属。以畜禽粪便为原料的有机肥重金属污染问题尤为突出，重金属含量较高的是猪粪和鸡粪源有机肥，且主要为 Cu、Zn、Cr、As，而牛羊粪源有机肥含重金属量较少。据相关部门统计，目前我国畜禽饲料添加剂中大量添加铜、铁、锌、锰、碘、砷、硒等化学物质。Cu 作为畜禽饲料添加剂可增强动物的骨骼，并有一定的抗菌功能，对免疫系统也有一定好处；含 Zn 的添加剂可以促进动物的代谢过程；Cr、As 也是饲料中重要化学添加剂的成分，有增加动物体重，抑制病原微生物等效用，值得注意的是添加剂中重金属含量超高问题。另外，含有重金属的饲料经过动物过腹后，排泄物中重金属会产生富集。秸秆中各种重金属含量、比例也略有增加。随着重金属污染农田土壤问题趋于严重，有机肥重金属问题受到广泛关注，有大量资料调研不同原料有机肥中重金属含量存在超标现象。

有相当量文献报道，长期施用有机肥造成土壤重金属积累，甚至有农产品重金属积累、超标现象。重金属污染的土壤一方面对土壤微生物群落产生不良影响，另一方面重金属由土壤转移至植物体再到农产品，引起农产品质量下降，甚至到餐桌进入食物链影响人体健康。据我国水稻土（浙江省杭州）国家土壤肥力与肥料效益长期定位施肥试验（1998—2017 年）资料，长期施用猪粪（表 2-6）土壤和水稻中重金属镉含量明显积累。凡是施用有机肥处理的土壤重金属镉含量都高于单施化肥和不施肥处理。有机肥、化肥＋有机肥处理（M、N_1PKM、N_2PKM、N_3PKM、N_2M）的全镉含量相对较高且处理间无显著差异，土壤总 Cd 平均含量为 0.852 mg/kg，是化肥处理（N_2、N_2P、N_2K、N_2PK）平均含量的 2.22 倍；与对照相比，施有机肥处理土壤 Cd 总量增加了 2.75~3.30 倍，其他重金属元素在土壤积累不明显。水稻籽粒重金属积累是个非常复杂的过程，不仅受到土壤重金属全量影响，同时也受到有效态重金属含量影响，还受到其他营养元素搭配协同效果影响。单施有机肥处理（M）水稻籽粒镉含量和对照无显著差异，但是，N_1 PKM 和 N_2＋M 处理分别高于对照处理 0.31 mg/kg 和 0.34 mg/kg，水稻籽粒中镉含量分别增加了 161％和138％（图 2-3），水稻籽粒中其他重金属元素有机肥和化肥处理无大差异。有机肥是农田土壤培肥的重要投入品，严控有机肥中重金属含量是重金属污染农田治理中重要的一项源头控制措施。

表 2-6 稻田土壤长期施肥试验各处理肥料用量

处理	N（kg/hm²）	P_2O_5（kg/hm²）	K_2O（kg/hm²）	M（kg/hm²）
CK	0	0	0	0
N_2	375	0	0	0
N_2P	375	187.5	0	0
N_2K	375	0	187.5	0
N_2PK	375	187.5	187.5	0
N_2PK（GM）	375	187.5	187.5	0
M	0	0	0	22 500
N_1PKM	281.25	187.5	187.5	22 500
N_2PKM	375	187.5	187.5	22 500
N_3PKM	468.75	187.5	187.5	22 500
N_2M	375	0	0	22 500

注：氮肥为尿素，磷肥为过磷酸钙，钾肥为氯化钾，有机肥为猪粪，GM 为绿肥还田。

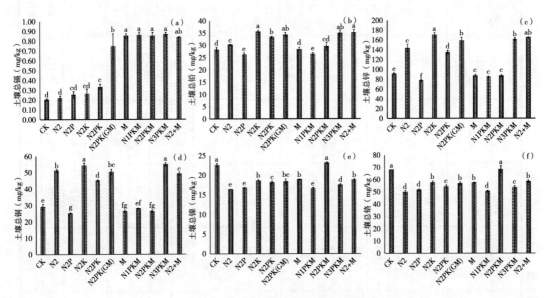

图 2-2 水稻土长期施有机肥和化肥土壤重金属积累对比

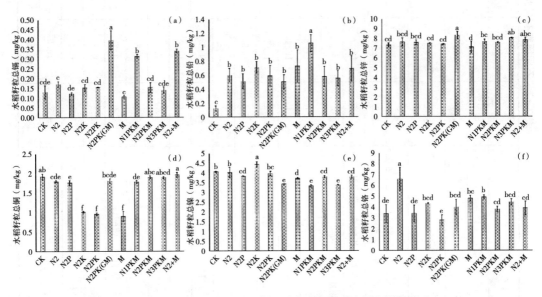

图 2-3 长期施用有机肥和化肥对水稻籽粒重金属积累的影响

四、我国部分市场有机肥中重金属含量

农业农村部耕地质量监测保护中心和中国农业科学院农业资源与农业区划研究所 2018 年对全国 208 个商品有机肥重金属调研结果（表 2-7），As 超标率为 4.8%，Cd、Pb、Hg 超标率分别为 3.85%、0.96%、0.48%。

表2-7 不同原料有机肥重金属含量

编号	主要成分	Cr (mg/kg)	Ni (mg/kg)	Cu (mg/kg)	Zn (mg/kg)	As (mg/kg)	Cd (mg/kg)	Hg (mg/kg)	Pb (mg/kg)
1	牛粪、蚯蚓粪、植物残体、食用菌棒等	8.6	9.6	24.9	148.7	4.19	0.195	0.043	10.2
2	畜禽粪便、作物秸秆等	7.1	10.1	30.0	183.7	4.09	0.268	0.023	5.4
3	畜禽粪便（鸡粪、牛粪、羊粪等）、作物秸秆、菌渣等	8.6	14.0	25.0	174.4	4.20	0.271	0.022	6.1
4	畜禽粪便、秸秆	8.8	8.5	27.0	155.5	4.06	0.287	0.031	6.4
5	鸡粪、牛粪、蘑菇渣、腐殖酸	9.6	58.4	80.1	326.9	4.86	0.161	0.059	7.5
6	牛粪、园林废弃物、蚯蚓粪、发酵菌	11.0	18.0	18.2	110.2	4.23	0.188	0.030	5.7
7	鸡粪、蘑菇渣、作物秸秆	9.8	8.8	38.0	223.4	12.95	0.378	0.103	28.0
8	不详	10.2	10.2	17.1	109.0	5.54	0.349	0.056	5.4
9	不详	6.4	16.4	20.2	91.7	3.77	0.358	0.209	8.3
10	不详	13.2	10.5	15.4	73.9	6.83	0.235	0.244	18.0
11	鲜鸡粪、秸秆粉	13.3	9.9	55.4	487.9	4.26	0.134	0.028	4.7
12	畜禽粪便、秸秆	5.0	6.7	51.5	382.5	4.68	0.199	0.032	4.7
13	蚯蚓粪、牛粪、发酵物料	24.7	4.5	14.6	58.1	6.94	0.262	0.038	6.5
14	牛粪	31.9	20.2	187.3	202.6	11.22	0.524	1.673	19.6
15	牛粪	5.6	7.8	9.1	51.7	2.40	0.069	0.040	1.9
16	畜禽粪便、秸秆	6.1	5.5	5.4	38.0	5.26	0.207	0.027	13.6
17	腐殖酸、氨基酸原粉、沸石粉、硫酸铵	3.7	3.1	2.9	40.7	8.14	0.089	0.059	4.0
18	鸡粪、腐殖酸	12.5	9.4	14.2	70.7	7.55	0.103	0.052	7.0
19	禽畜粪便、农作物秸秆	7.3	6.3	6.9	47.6	23.80	0.314	0.088	8.7
20	鸡粪、糠醛渣	9.5	115.9	19.5	74.6	4.92	0.150	0.174	20.2
21	鸡粪、糠醛渣	9.6	121.5	20.0	75.3	4.94	0.148	0.181	20.3

（续）

编号	主要成分	Cr (mg/kg)	Ni (mg/kg)	Cu (mg/kg)	Zn (mg/kg)	As (mg/kg)	Cd (mg/kg)	Hg (mg/kg)	Pb (mg/kg)
22	猪粪、肉骨粉、腐殖酸	9.0	19.7	183.4	839.4	4.34	0.665	0.052	8.8
23	鸡粪、菌棒	7.9	10.2	24.5	160.4	5.63	0.196	0.130	9.8
24	兔粪、羊粪	11.1	10.1	52.6	171.8	7.19	0.375	0.448	14.4
25	羊粪、牛粪、糠醛渣	29.4	20.1	106.2	262.6	12.04	7.417	1.688	17.1
26	鲜鸡粪、玉米芯	6.2	6.6	41.8	287.1	4.12	0.233	0.082	8.0
27	羊粪、玉米秸秆、糠醛渣、草木灰	5.6	4.7	5.8	25.9	5.98	0.064	0.020	2.1
28	牛粪、鸡粪、植物秸秆	5.4	4.8	11.8	23.1	14.98	27.093	1.443	14.8
29	羊粪80%、蘑菇渣20%	23.7	13.0	27.6	300.1	7.37	0.242	0.234	17.5
30	大豆发酵液	1.9	2.8	5.5	82.7	2.72	0.029	0.021	1.7
31	羊粪90%、糠醛渣10%	15.8	17.1	21.1	122.2	9.14	0.135	0.068	7.9
32	羊粪、牛粪、腐殖酸	16.1	8.9	17.0	86.7	8.88	1.375	0.075	6.7
33	羊粪95%、腐殖酸5%	15.6	6.7	17.6	60.2	4.86	0.206	0.045	6.0
34	牛粪、羊粪	7.2	6.9	14.5	61.9	8.80	0.074	0.065	4.0
35	羊粪100%	8.6	7.4	13.3	42.9	5.79	0.174	0.034	5.6
36	羊粪	8.5	7.0	12.6	40.9	5.58	0.183	0.036	5.7
37	羊粪、牛粪、秸秆	12.8	15.7	26.0	142.8	9.12	0.167	0.032	5.6
38	羊粪100%	4.2	3.5	9.2	34.6	4.22	0.115	0.031	3.4
39	羊粪70%、糠醛渣20%、骨渣10%	2.1	3.0	6.3	98.9	3.10	0.034	0.016	1.8
40	鸡粪、菇渣	18.6	16.4	16.4	71.8	3.73	0.150	0.107	8.0
41	畜禽粪便、秸秆、菇基质渣	93.3	38.3	150.9	359.2	5.60	0.356	0.354	19.3
42	农作物秸秆、中药渣等	36.8	15.9	72.5	397.9	10.41	1.257	1.979	47.8
43	中药渣、蘑菇渣、鹿粪	54.9	12.3	21.5	115.7	5.11	0.126	0.243	7.3

（续）

编号	主要成分	Cr (mg/kg)	Ni (mg/kg)	Cu (mg/kg)	Zn (mg/kg)	As (mg/kg)	Cd (mg/kg)	Hg (mg/kg)	Pb (mg/kg)
44	沼渣	8.6	6.3	27.9	139.9	4.14	0.232	0.036	4.7
45	牛粪、猪粪、秸秆粉	38.7	14.3	57.7	168.1	12.77	0.294	0.187	9.6
46	牛粪、药渣、菇渣	14.5	13.0	43.2	204.9	6.03	0.411	0.072	8.0
47	食用菌渣、畜禽粪便	62.3	17.6	27.3	165.1	5.61	0.226	0.466	14.5
48	鸡粪、菇渣	35.1	21.3	43.1	59.8	1.69	0.090	0.019	5.8
49	猪牛粪、鸡粪、菌菇料	30.1	17.8	32.9	207.8	5.70	0.538	0.184	11.8
50	畜禽粪便、秸秆等	9.9	5.8	10.5	39.8	16.27	0.322	0.113	7.9
51	牛粪、羊粪、玉米秸秆	18.7	6.7	7.5	39.8	14.90	0.117	0.121	6.3
52	鸡粪、鹿粪、牛粪等	10.7	6.5	14.0	103.5	11.66	0.292	0.389	10.8
53	禽畜粪便	17.1	14.7	19.8	132.6	14.61	0.423	0.111	8.2
54	畜禽粪便、玉米秸秆	3.5	2.6	3.6	21.3	7.42	0.245	0.187	12.1
55	秸秆、玉米秸秆	8.2	5.3	9.1	50.1	1.59	0.046	0.019	1.3
56	鸡粪、猪粪、草碳土	13.9	9.6	14.1	100.4	5.35	0.406	0.092	14.3
57	鸡粪、猪粪	20.6	10.4	19.8	68.6	9.12	0.151	0.058	10.1
58	兔子粪、玉米秸秆、黄豆渣、屠宰场下脚料	13.5	9.3	46.7	199.5	7.35	0.266	0.163	6.0
59	粮食发酵液	7.8	5.6	5.9	22.6	2.94	0.052	0.064	7.7
60	天然有机物	23.1	33.8	29.2	31.2	10.00	0.119	0.044	6.5
61	生化黄腐原粉	2.0	2.6	3.0	34.9	0.57	0.113	0.003	0.5
62	生化黄腐酸	1.1	1.8	8.6	807.7	0.75	0.069	0.003	0.5
63	氮、磷、钾、原油腐殖甲及其他易吸收的小分子有机质	1.8	2.5	2.3	55.9	0.61	0.128	0.000	0.4

（续）

编号	主要成分	Cr (mg/kg)	Ni (mg/kg)	Cu (mg/kg)	Zn (mg/kg)	As (mg/kg)	Cd (mg/kg)	Hg (mg/kg)	Pb (mg/kg)
64	豆粕、玉米淀粉	14.7	15.2	15.2	35.3	8.53	0.288	0.266	19.2
65	蘑菇菌渣、猪肉骨粉、腐熟豆粕、花生壳	33.8	65.5	32.7	176.6	5.01	0.336	0.055	8.6
66	木薯渣、蘑菇渣、豆粕	31.5	29.4	34.4	115.0	7.37	0.246	0.404	23.0
67	菌渣30%、羊粪70%	28.5	11.9	62.7	607.9	2.94	0.349	0.116	6.3
68	鸡粪	4.3	6.1	86.5	438.7	4.91	0.289	0.023	1.6
69	菌渣、豆粕、牛粪	18.5	16.7	22.8	87.3	5.49	0.202	0.132	9.4
70	秸秆、糖渣	21.5	14.1	32.2	127.0	4.09	0.571	0.062	25.8
71	不详	13.2	10.0	6.5	76.3	13.85	0.135	0.102	4.0
72	鸡粪	36.2	19.3	63.3	492.4	5.25	0.506	0.152	5.7
73	鸡粪	11.3	10.4	48.4	268.8	4.04	0.481	0.091	3.7
74	猪粪、蘑菇下脚料	23.4	19.1	279.6	708.4	13.37	0.860	0.259	23.2
75	猪粪、鸡粪	62.4	22.2	95.8	326.9	9.74	0.724	3.245	26.9
76	牛粪	19.2	18.3	244.3	1 065.2	6.44	1.155	0.506	10.6
77	茶籽渣、皂素渣、茶壳粉	4.0	36.2	5.5	57.2	17.20	0.077	0.028	0.8
78	秸秆、树枝、栽培废料、鸡粪、猪粪	51.2	37.5	97.2	369.2	4.68	0.246	0.078	12.8
79	猪粪、鸡粪、菌渣	22.8	13.7	257.0	720.1	13.10	0.662	0.210	10.4
80	秸秆、米糠、菌菇	29.6	17.2	25.8	252.7	4.70	0.585	0.167	14.7
81	畜禽粪便、秸秆	35.7	14.9	39.0	128.4	5.49	0.424	0.114	10.8
82	牛羊粪便、豆粕、油渣、腐殖酸	33.1	16.9	54.4	263.1	5.86	0.567	0.146	18.4
83	鸡粪、秸秆	13.7	14.9	42.8	319.7	2.58	0.276	0.031	2.4
84	菜籽饼	7.9	7.3	5.6	84.2	0.19	0.100	0.027	0.4

（续）

编号	主要成分	Cr (mg/kg)	Ni (mg/kg)	Cu (mg/kg)	Zn (mg/kg)	As (mg/kg)	Cd (mg/kg)	Hg (mg/kg)	Pb (mg/kg)
85	猪粪、菌渣、腐殖酸	13.7	12.1	110.9	636.9	4.06	0.273	0.030	4.9
86	农作物秸秆、蘑菇渣	21.1	15.0	17.6	297.1	10.78	2.401	0.106	42.6
87	畜禽粪便、秸秆腐熟基料	23.1	20.1	14.4	75.6	5.74	0.337	0.355	12.5
88	畜禽粪便（生猪、牛、鸡）、锯末等	14.9	13.4	27.5	209.5	2.89	0.260	0.031	5.0
89	畜禽粪便（猪、牛、羊、鸡）、菌渣等	33.0	17.2	37.5	383.1	6.24	0.494	0.331	17.0
90	油枯、酒糟、烟末、秸秆等	20.3	13.2	15.9	69.6	4.92	0.946	0.059	6.7
91	牛粪	17.3	12.3	40.3	249.4	4.01	1.632	0.134	15.5
92	牛粪	5.0	7.3	16.8	88.6	2.12	0.309	0.034	1.8
93	秸秆、菌渣、畜禽粪便等	18.2	14.2	29.4	193.3	4.47	1.308	0.070	5.1
94	不详	10.1	10.9	13.9	106.0	2.60	4.288	0.041	5.2
95	畜禽粪便、饼粕、秸秆	17.9	14.3	18.3	96.1	2.01	1.615	0.038	2.4
96	草炭、豆粕渣、玉米渣、多种复合微生物菌种、各种微量元素	15.0	21.5	60.9	335.3	2.82	0.440	0.217	5.8
97	牛粪、兔粪、酒糟、草木灰、烟渣、菌包	19.5	21.1	18.0	119.1	8.27	1.028	0.178	21.6
98	羊粪、腐殖酸	23.6	18.8	21.5	65.2	11.11	0.384	0.249	8.9
99	纯牛羊粪、食用菌棒等优质有机物料	21.4	16.1	16.2	2 124.7	2.91	2.301	0.091	8.1
100	羊粪、菌渣、苹果树枝、腐殖酸	15.4	15.4	21.9	217.5	8.40	0.212	0.079	9.3
101	稻壳鸡粪	12.4	15.7	38.3	196.1	6.71	0.276	0.134	9.7
102	牛粪	18.1	18.6	20.5	58.4	5.77	0.318	0.096	7.6
103	沼渣、羊粪、猪粪、菌渣	31.8	19.9	25.8	79.4	3.50	0.148	0.028	7.0
104	畜禽粪便	24.5	30.4	22.7	156.1	6.69	0.561	0.152	19.3
105	羊粪、油渣	10.4	24.3	11.8	73.3	5.13	0.225	0.063	2.6

（续）

编号	主要成分	Cr (mg/kg)	Ni (mg/kg)	Cu (mg/kg)	Zn (mg/kg)	As (mg/kg)	Cd (mg/kg)	Hg (mg/kg)	Pb (mg/kg)
106	羊粪、马粪、菌棒渣、植物秸秆	21.5	17.7	19.9	45.1	6.32	0.300	0.054	5.9
107	牛粪、羊粪、秸秆、菌渣	28.6	20.5	24.2	84.5	7.79	0.307	0.056	6.9
108	枯枝落叶、蚯蚓粪	18.6	10.2	27.9	80.6	6.26	0.342	0.094	16.1
109	烟粉、腐殖酸、酒糟、米糠、豆粕	22.0	17.3	12.2	135.5	5.66	0.894	0.057	6.6
110	滤泥、花生麸、生物质炉灰	141.4	20.3	29.4	134.9	8.43	1.746	0.248	26.6
111	草木灰、木薯渣、滤泥、统糠等	39.3	21.4	40.4	148.7	7.99	0.834	0.090	27.0
112	发酵鸡粪、五谷杂粮（玉米、大豆、高粱等）、菇渣等	27.1	42.2	19.2	100.0	10.69	0.849	0.207	10.0
113	鸡粪、花生麸	17.2	11.2	41.4	222.9	12.25	0.525	0.363	3.3
114	鸡粪、有机豆渣、蘑菇渣	18.3	22.3	38.5	249.5	20.13	0.367	0.502	4.0
115	奶牛粪、金针菇渣、蔗糖渣、有益发酵菌	26.8	18.4	50.8	136.9	4.73	0.832	0.304	7.4
116	中药渣、蘑菇渣、氨基酸等	37.3	20.3	37.6	249.1	8.71	1.034	0.117	44.8
117	牛粪、中药渣、秸秆粉	19.1	13.7	41.9	230.5	7.60	0.581	0.140	5.2
118	牛粪、蚯蚓粪、油枯、酒糟粉、米糠	18.6	14.8	69.9	208.3	10.65	0.500	0.124	8.2
119	牛粪、米糠、菌包、酒糟渣	12.3	4.7	8.9	44.7	3.92	0.156	0.173	1.9
120	油枯、酒糟渣、食用菌渣、秸秆	39.8	11.7	13.8	102.4	7.53	0.990	0.870	13.4
121	油枯、菌渣	40.2	16.1	21.9	96.3	16.24	0.840	0.532	21.6
122	牛粪、猪粪、羊粪、秸秆、菌包、酒糟、油枯	15.2	8.9	16.2	51.5	8.12	3.155	0.122	7.7
123	烟末、莱籽饼等	6.3	5.1	6.0	50.2	0.87	0.960	0.073	1.0
124	牲畜粪便（鸡粪、猪粪）、锯末	15.4	14.1	38.7	248.5	9.33	1.077	0.413	8.9
125	牛粪、羊粪	75.7	17.8	12.3	53.2	5.77	0.272	0.074	7.7
126	牛粪、鸡粪、腐殖酸	85.5	15.0	11.4	46.2	6.67	0.296	0.156	11.3

（续）

编号	主要成分	Cr (mg/kg)	Ni (mg/kg)	Cu (mg/kg)	Zn (mg/kg)	As (mg/kg)	Cd (mg/kg)	Hg (mg/kg)	Pb (mg/kg)
127	牛粪、羊粪	21.3	26.1	19.1	117.5	6.52	0.366	0.363	11.7
128	牛粪、羊粪	28.4	58.7	15.7	129.4	5.82	0.252	0.107	9.0
129	畜禽粪便、植物秸秆、微量元素	19.3	20.0	16.6	47.1	10.39	0.226	0.394	8.3
130	牛粪	22.0	18.8	25.4	98.0	8.78	0.177	0.098	9.1
131	牛粪、羊粪	51.2	16.5	14.4	42.9	7.50	0.226	0.145	9.4
132	鸡粪、羊粪	24.5	15.2	16.2	54.3	5.26	0.326	0.558	6.8
133	小麦、玉米、大豆、花生等加工后的副产品或畜禽类粪便	32.2	15.9	9.2	90.0	4.11	0.825	0.122	9.3
134	废菌渣、牛粪	20.1	12.9	24.3	52.7	9.38	0.360	0.122	10.0
135	畜禽粪便、菌渣、腐殖酸	26.0	18.7	128.0	271.7	12.01	2.487	0.140	37.5
136	羊粪、牛粪、鸡粪	23.2	28.7	14.9	35.6	4.53	0.390	0.247	7.3
137	鸡粪、羊粪、腐殖酸	26.3	18.4	16.0	106.2	8.86	0.320	0.198	10.1
138	畜禽粪便、秸秆粉	18.4	19.1	20.3	100.1	4.80	0.428	0.229	7.6
139	芝麻圆饼	30.3	12.5	22.1	122.6	1.26	0.508	0.041	2.8
140	发酵畜禽粪便、秸秆	15.4	12.3	61.2	345.9	4.15	0.291	0.169	4.9
141	猪粪、鸡粪、蘑菇渣	23.5	26.0	65.0	375.1	7.87	0.990	0.447	13.1
142	茶枯、米糠、烟末、猪粪	51.5	23.2	326.5	470.7	11.55	1.519	0.120	5.1
143	牛粪、统糠	11.4	12.7	60.8	201.8	3.62	1.588	0.070	4.3
144	畜禽粪便、谷壳、秸秆	40.0	34.3	48.3	393.1	8.40	2.429	0.175	38.1
145	鸡粪	29.5	17.6	46.4	388.1	12.19	2.604	0.149	24.1
146	鸡粪	9.3	12.4	20.5	176.2	6.11	0.453	0.228	1.7
147	禽畜粪便、植物秸秆	48.1	77.6	10.2	187.4	6.81	0.356	0.067	5.2

（续）

编号	主要成分	Cr (mg/kg)	Ni (mg/kg)	Cu (mg/kg)	Zn (mg/kg)	As (mg/kg)	Cd (mg/kg)	Hg (mg/kg)	Pb (mg/kg)
148	发酵菜籽粕	18.9	8.0	6.0	48.7	2.92	0.932	0.115	1.7
149	猪粪、鸡粪、米糠	21.9	46.0	85.4	340.6	11.23	0.672	0.111	6.6
150	鸡粪70%、木屑25%、发酵菌5%	38.7	163.7	46.3	563.7	2.32	0.500	0.068	3.0
151	畜禽粪便、菌菇渣、秸秆粉	41.1	71.8	81.0	305.2	6.60	0.414	0.115	8.7
152	牛粪、食用菌下脚料、农作物秸秆	34.8	87.4	36.9	269.1	4.82	0.576	0.110	9.3
153	鸡粪、金针菇下脚料	21.5	25.1	13.7	145.0	2.59	0.664	0.060	5.7
154	猪粪、部分植物纤维为辅料	17.3	23.8	133.9	652.5	4.09	0.471	0.067	6.5
155	牛粪	15.5	11.0	53.3	179.1	2.53	0.389	0.122	4.3
156	牛粪、猪粪、秸秆	16.7	13.7	84.1	233.8	4.87	0.530	0.050	7.2
157	牛粪	26.1	17.9	208.5	907.6	5.46	0.386	0.157	4.6
158	不详	21.1	21.4	14.2	90.4	28.39	1.008	0.344	38.2
159	豆渣、糖蜜渣	62.9	29.4	82.7	373.2	10.81	1.752	1.510	51.2
160	甘蔗渣、木薯渣、烟草、牛胃粉	80.6	28.1	20.1	114.4	6.50	0.649	0.377	20.6
161	粮食发酵液	4.3	7.6	4.5	68.5	1.93	0.059	0.031	2.0
162	鸡粪、猪粪、农作物秸秆	30.5	28.6	30.3	147.0	9.67	0.313	0.057	9.9
163	不详	117.5	67.7	91.3	1 013.0	16.46	4.390	0.355	180.1
164	海藻渣、鲜鸡粪、锯木	26.4	73.2	22.2	276.4	2.27	1.739	0.031	3.8
165	羊粪	32.9	23.1	13.7	56.0	5.16	0.606	0.205	12.0
166	滤泥、糖蜜浓缩液、酒糟、烟粉、花生麸、菜粕	26.1	10.9	9.4	39.1	5.91	1.006	0.179	5.6
167	豆渣、木薯渣、中草药渣、罗汉果、甜叶菊	40.8	20.5	22.4	109.3	32.92	1.547	0.242	16.6
168	蔗糖酒精、烟粉、烟渣	33.7	28.2	17.7	24.8	4.53	1.577	0.064	2.1

（续）

编号	主要成分	Cr (mg/kg)	Ni (mg/kg)	Cu (mg/kg)	Zn (mg/kg)	As (mg/kg)	Cd (mg/kg)	Hg (mg/kg)	Pb (mg/kg)
169	滤泥	27.8	14.9	12.0	64.1	7.38	2.926	0.071	6.7
170	蚕渣、糖蜜	2.9	12.1	5.5	22.3	0.52	0.181	0.133	0.8
171	牛粪62%、沼渣20%、塘泥8%、草木6%、贝壳粉4%	40.5	23.2	19.9	58.5	9.37	0.758	0.126	8.0
172	滤泥、糖蜜	19.6	14.5	6.8	33.9	11.99	1.051	0.190	3.3
173	滤泥、鸡粪、烟粉	38.5	31.5	46.7	201.1	78.37	5.894	0.327	26.9
174	蔗渣、烟茎、啤酒渣、木薯渣、酒精浓缩液、烟粉	38.3	9.5	10.4	42.2	8.08	1.181	0.108	5.7
175	制糖滤泥腐熟料、畜禽粪便	25.3	12.9	14.8	282.3	7.06	1.921	0.197	4.5
176	羊粪、烟末、花生麸	84.5	33.5	23.1	99.2	7.05	2.145	0.178	20.7
177	羊粪、麻渣、功能菌和少量矿物质	25.1	17.4	9.0	38.5	8.01	0.350	0.178	8.9
178	牛粪	36.4	22.5	16.3	74.0	9.27	0.456	0.099	8.9
179	羊板粪、麻渣、酵素菌	18.8	18.9	8.5	32.8	9.87	0.210	0.035	6.0
180	羊板粪、麻渣、酵素菌	19.8	17.7	8.4	37.2	10.03	0.216	0.046	6.1
181	菜籽粪、麦麸、活性腐殖酸	26.5	17.1	7.9	25.4	7.43	0.288	0.222	9.2
182	羊板粪、菜籽饼	31.3	12.3	7.4	32.4	6.94	0.358	0.130	7.1
183	羊粪	14.0	13.0	6.3	25.9	6.25	0.298	0.118	7.2
184	羊粪、菜籽饼、发酵菌剂	24.5	16.4	7.4	30.5	11.03	0.360	0.109	8.0
185	羊板粪、牛粪、菜粕	22.4	16.6	45.7	50.7	8.55	0.341	0.060	5.9
186	不详	16.6	15.8	26.5	1126.6	2.23	0.475	0.036	3.1
187	不详	9.4	12.7	16.0	142.3	3.23	0.371	0.021	1.4
188	不详	21.2	22.7	37.5	177.6	5.28	0.836	0.112	7.0

（续）

编号	主要成分	Cr (mg/kg)	Ni (mg/kg)	Cu (mg/kg)	Zn (mg/kg)	As (mg/kg)	Cd (mg/kg)	Hg (mg/kg)	Pb (mg/kg)
189	不详	20.7	12.2	66.3	377.5	3.83	0.349	0.045	13.0
190	不详	19.1	14.7	41.8	103.3	7.58	0.684	0.227	7.7
191	不详	59.9	13.5	12.4	141.9	1.85	3.217	0.073	2.8
192	不详	8.4	11.9	27.0	221.3	1.58	0.437	0.043	0.8
193	不详	33.6	31.1	168.6	267.9	10.41	1.020	0.601	10.7
194	不详	18.9	10.3	5.8	30.5	3.86	0.500	0.043	7.9
195	不详	24.5	13.0	27.0	174.1	9.64	3.143	0.141	35.3
196	稻壳粉、安琪酵母液、蘑菇渣	24.4	18.1	9.0	59.4	6.97	1.594	0.160	8.4
197	米糠、酵母液、腐殖酸等	21.4	14.5	4.0	21.5	7.34	0.268	0.252	5.7
198	植物秸秆、酵母发酵浓缩液	32.3	31.5	7.3	44.9	15.34	0.898	0.208	12.7
199	植物（菌菇）发酵成熟腐熟	23.3	16.1	11.0	132.8	6.86	1.416	0.081	22.4
200	木薯渣、菇渣、花生秧、氨基酸有机质	28.7	24.6	22.5	136.1	10.28	0.292	0.315	6.5
201	有机质	19.7	14.9	8.4	47.9	7.87	0.588	0.080	6.1
202	奶牛粪便、谷糠、烟末、菜粕、酵母营养液	22.1	14.2	5.9	47.4	7.54	0.524	0.030	6.4
203	畜禽粪便、米糠、氨基酸、秸秆	24.5	31.0	41.2	142.6	6.29	0.860	0.119	5.3
204	鸡粪、糠粕	20.8	17.6	18.8	115.6	6.77	2.257	0.336	10.4
205	酒糟、糠醛渣、蘑菇渣、稻壳粉	23.3	24.8	14.1	94.4	8.02	0.868	0.232	7.9
206	木薯渣、蘑菇渣、豆粕	53.4	20.0	5.8	58.9	5.48	0.249	0.271	6.1
207	秸秆、糖渣	46.2	27.9	14.7	99.5	9.95	2.042	0.136	36.5
208	酒糟、糠醛渣、蘑菇渣、稻壳粉	23.1	24.5	13.6	91.5	7.60	0.829	0.267	8.8

五、有机肥抗生素危害

有机肥中抗生素主要来源于饲料添加剂（维生素、激素等）和兽药（抗生素类）。抗生素作为动物养殖业的生长促进剂、防病、抗病等措施而普遍使用于饲料添加剂。由于能够促进动物生长、提高饲料效率和治疗、控制疾病，所以规模化畜禽养殖使用抗生素是必不可少的重要环节。值得注意的是，我国畜禽饲料中存在超量添加抗生素现象。我国已有18种抗生素、抗氧化剂和激素类药物及11种抗菌剂作为兽药用于饲喂畜禽。最常用的兽药有抗生素类、驱肠虫药类、生长促进剂类、抗原虫药类、灭锥虫药类、镇静剂类和β-肾上腺素类七类。由于抗生素不能在动物体内被完全吸收代谢，大部分以原药或代谢产物的形式随粪便排放。部分调查表明，约有30%～90%的兽用抗生素以原药的形式随着畜禽粪便排泄出来。

有机肥中抗生素以及对土壤环境和农产品安全的影响受到了广泛关注，据文献报道80%多的有机肥中最少被检出1种抗生素，最多的被检出8种抗生素。被检测到的抗生素的种类有：四环素、金霉素、强力霉素、磺胺二甲嘧啶、双氟沙星、环丙沙星、氟喹诺酮类、磺胺嘧啶、磺胺间甲氧嘧啶、磺胺甲唑、磺胺氯哒嗪、甲氧苄氨嘧啶、甲砜霉素、氯霉素、氟苯尼考、诺氟沙星、恩诺沙星和氧氟沙星18种。检测到的有机肥中抗生素的最大浓度值超过1 000 $\mu g/kg$，有的强力霉素的最大浓度值超过70 000 $\mu g/kg$。我们选了以羊粪、鸡粪、牛粪、猪粪为主要原料的有机肥样品10个，采用固相萃取、高效液相色谱串联二级质谱法检测有机肥的中的抗生素，结果如表2-8所示，有机肥样品中土霉素、金霉素、强力霉素、磺胺嘧啶、磺胺二甲嘧啶、磺胺甲恶唑6种抗生素均有检出，6种抗生素平均含量由大到小为土霉素＞金霉素＞磺胺二甲嘧啶＞强力霉素＞磺胺嘧啶＞磺胺甲恶挫。在检测的10个样品中，有3个有机肥样品的土霉素含量超过了1 000 $\mu g/kg$，有1个有机肥样品的金霉素含量超过了1 000 $\mu g/kg$，其他抗生素含量均未超过1 000 $\mu g/kg$。整体来看，测定有机肥样品中四环素类抗生素的含量相对较高。

虽然有机肥中的抗生素含量还没有限量标准，但其风险性已经被广泛关注。曾巧云等的研究表明，土壤普遍检出四环素类抗生素，部分样点土壤四环素类抗生素的含量超出了兽药国际协调委员会（VICH）筹划指导委员会提出的土壤中抗生素生态毒害效应的触发值（100 $\mu g/kg$），具有一定的生态风险。在环境中，某些抗生素的代谢产物又可恢复到原药状态，对环境和人体健康构成了潜在危害。残留在土壤中的抗生素可抑制种子发芽，可被作物同化，抑制作物生长；使土壤中的微生物产生对抗生素的耐药性，形成新一代的抗性菌群，破坏菌群平衡结构，影响功能性菌群多样性，土壤微生物定向富集；一些耐药性细菌虽然不具有致病性，却能够通过基因横向传播机制把耐药性传递给致病菌，从而对环境和人类的健康造成更大的威胁；抗性基因既可以在代与代之间传递，又可以在不同细菌间传递。彭双等研究发现，长期施用猪粪土壤可检出25种抗生素抗性基因（Antibiotic Resistance Genes，ARGs），同时也发现抗生素抗性基因宿主细菌类群。抗生素抗性基因可以在土壤、水体及空气等不同环境介质中持久残留、传播和扩散，并通过食物链进入人体。ARGs已成为全球公共卫生安全的关注热点。施用畜禽粪便被认为是农田土壤中ARGs的主要来源之一。

表 2-8 不同原料有机肥抗生素含量

单位：μg/kg

编号	主要原料	土霉素	金霉素	强力霉素	磺胺嘧啶	磺胺二甲嘧啶	磺胺甲恶唑
1	羊粪	64.17	9.16	27.25	0.36	0.02	0.56
2	鸡粪	13 992.30	3.88	28.14	8.46	0.32	0.24
3	鸡粪	36.93	15.29	24.86	15.67	0.33	0.33
4	猪粪、蘑菇下脚料	31.08	49.10	36.50	0.49	82.21	0.55
5	牛粪	1 143.66	2 397.55	156.23	0.94	834.07	0.20
6	牛粪	67.48	42.04	11.46	2.52	2.09	0.27
7	鸡粪	166.94	12.37	249.61	0.85	0.15	0.17
8	猪粪、部分植物纤维为辅料	337.04	19.63	27.07	3.25	3.45	0.21
9	豆渣、糖蜜渣	1 558.81	18.80	10.14	0.48	0.58	0.14
10	羊粪	80.93	11.55	15.75	5.94	0.52	0.12

第三节 有机肥料对耕地质量安全性评价

有机肥安全性评价指标及评价方法如下：

（一）有机肥质量评价指标参考标准

现行有机肥类的管控标准有：有机肥行业标准（NY/T 525—2021）、生物有机肥行业标准（NY 884）、有机—无机复混肥料国家标准（GB/T 18877）、肥料中有毒有害物质的限量要求国家标准（GB 38400—2019）。

（二）有机肥的评价指标

有机肥的功能是作为肥料使用以提高土壤质量，改善土壤环境，提高作物产量和品质，保障作物高产稳产。商品有机肥的评价指标应该包括各有机肥质量管控标准里的指标和肥料效果指标。有机肥质量标准指标包括：总有机质（或者总碳）、总氮、总磷、总钾，功能有益菌等其他有益成分；安全性指标包括：大肠杆菌群数，蛔虫卵死亡率，pH，总盐分，重金属总砷、总汞、总铅、总镉、总铬、总镍含量以及总钴、总钒、总锑含量，抗生素等其他有害成分。有机肥肥效的评价指标包括土壤理化性质和农产品质量安全指标。土壤理化性质包括：土壤有机质含量、土壤全氮含量、全磷含量、全钾含量、pH、总盐分，土壤重金属总砷、总汞、总铅、总镉、总铬、总镍含量以及总钴、总钒、总锑含量，抗生素等其他有害成分；土壤水稳性团粒结构、土壤容重、土壤孔隙度、土壤微生物指标等。农产品质量安全指标包括：产量、品质（氮、磷、钾养分含量和各项风味指标）、安全指标（重金属总砷、总汞、总铅、总镉、总铬、总镍含量等）、抗病虫害等其他抗逆性指标。有机肥使用时还应考虑有机肥使用量。有机肥使用效果不得有使土壤性质、结构恶化的趋势，如：使酸性土壤 pH 降低，使碱性土壤 pH 升高，使盐碱土盐分增加，土壤重金属含量有积累趋势，使土壤结构破坏，使土壤微生物群落结构破坏等。有机肥使用效果不得有影响作物生长,如:降低种子发芽率、阻碍作物生长、降低农产品产量、降低作物抗逆性、农产品重金属超标等现象。

(三) 有机肥安全性评价方法

基于有机肥种类众多,原材料来源广泛,制作方法各异,风险因素方方面面,有机肥评价指标也很多,对每个有机肥产品以及肥效的所有安全指标都进行检测分析,不仅不经济且不一定是必要的。比如,有机肥产品检验结果不存在重金属超标风险的,可以不进行肥效重金属设置试验。所以,对有机肥进行安全性评价前,首先要对有机肥产品做风险性因素预测分析,明确安全评价目标,确定评价内容、指标、依据和方法,再实施评价。

有机肥的评价方法包括对有机肥产品的实验室检测分析和田间或者盆栽肥料效果试验。实验室对有机肥分析方法参考有机肥国家标准和行业标准,按照需要和具体要求选择各项评价指标,且按照标准方法进行分析。检验有机肥效果一般采用田间生物试验,为了不耽误有机肥使用而进行快速评价的可以采用 1 个月以上的短期盆栽试验。供试土壤选择低肥力,选择两个地点或者两种以上作物,以常规使用化肥为对照,有机肥用量 3 个水平 (0、常规用量、两倍用量),重复 3 次,试验时间至少 1 个月以上。采集土壤和植物样品,按照标准方法检测分析各项数据,根据分析结果和试验效果,参考国家标准和行业标准进行评价,编写评价报告。

第三章　土壤调理剂

第一节　土壤调理剂清单名录及应用现状

一、土壤调理剂分类与功能

土壤调理剂又称土壤改良剂，是指加入土壤中用于改善土壤的物理、化学和/或生物性状的物料，用于改良土壤结构、降低土壤盐碱危害、调节土壤酸碱度、改善土壤水分状况或修复污染土壤等。土壤调理剂被广泛应用于障碍土壤的改良中，为缓解土壤退化、保障我国农业生产活动提供了有力支持。

（一）土壤调理剂的分类

土壤调理剂根据其功能用途和生产原料分为两类：

1. 根据土壤调理剂的功能用途　可将其分为酸性土壤调理剂、盐碱土壤调理剂、结构改良剂、重金属污染修复剂。

酸性土壤调理剂包括石灰类、磷酸盐类、硅酸盐类、金属及其氧化物类、无机废弃物类、有机废弃物类等；盐碱土壤调理剂包括石灰类、硅酸盐类、有机废弃物类、有机酸类等；结构改良剂包括石灰类、硅酸盐类、有机废弃物类、表面活性剂类等；重金属污染修复剂包括含碳类、金属及其氧化物类等。

2. 根据土壤调理剂的生产原料　可将其分为矿物源、有机源、化学源 3 大类。

①矿物源土壤调理剂，一般由富含钙、镁、磷、钾等矿物经标准化工艺或无害化处理加工而成，用于增加矿质养料以改善土壤物理、化学、生物性状的土壤调理剂。矿物源调理剂包括石灰类、磷酸盐类、硅酸盐类、金属及其氧化物类、无机废弃物类共 5 类。

石灰类包括白云石、石灰石、牡蛎壳、方解石、生石灰、珊瑚等，石灰类土壤调理剂适用于南方酸性土壤，最初用作改良土壤酸化，随着重金属污染的加剧，使用碳类土壤调理剂也成了降低土壤重金属活性的有效措施。

磷酸盐类调理剂包括磷酸二氢钾、磷酸二氢钙、三元过磷酸钙、磷酸氢二铵、磷酸氢二钠、磷酸、羟基磷灰石、磷矿石、钙镁磷肥、骨炭粉等，含磷物质作为肥料已经广泛应用在农业生产上，是保证作物增产的主要措施之一。

硅酸盐类土壤调理剂包括钾长石、膨润土、菱镁矿、石英石、钢渣、沸石、麦饭石、海泡石、硅酸钙等，硅酸盐是土壤组成成分之一，有一定的自净能力，具有物理化学性质稳定，环境兼容性好，资源丰富，价格低廉等优点。

金属及其氧化物类调理剂包括零价铁、氢氧化铁、硫酸铁、针铁矿、水合氧化锰、锰钾矿、氢氧化铝等。氢氧化物、水合氧化物和羟基氧化物是土壤中含量较低的天然组分之一，它们主要以晶体态、胶膜态等形式存在，粒径小、溶解度低，在土壤化学过程中扮演着重要作用，比如促使土壤团粒结构的生成，固定重金属离子，提高土壤生物活性等。

无机废弃物类调理剂包括硝酸磷肥副产品、水淬渣、钢渣、碱渣、赤泥、烟气脱硫石膏、磷石膏、轻烧镁、生物质发电灰、电石渣、粉煤灰等。这些废弃物的原料是废渣或工业副产物，产量丰富，弃之造成资源浪费，且易污染环境。这些废弃物中含有酸性或碱性物质，能够中和土壤中过多的碱性或酸性物质，起到调节土壤酸碱度的作用，如碱渣中含有大量的碱性物质。

②有机源土壤调理剂，一般由无害化有机物料为原料经标准化工艺加工而成，用于为土壤微生物提供所需养料以改善土壤生物肥力的土壤调理剂。有机源土壤调理剂主要包括有机废弃物和含碳类土壤调理剂。

常见的有机废弃物类土壤调理剂有氨基酸发酵尾液、餐厨废弃物、禽类羽毛、统糠、秸秆、蘑菇栽培基质、味精发酵尾液、甜菊叶渣等。它们主要来源于生产生活中的废弃有机物料，其中含有丰富的有机物质，经过一定的无害化处理后，施入土壤中能够提高土壤中的有机质含量、改善土壤水分及养分状况、增强土壤的缓冲性能。

含碳类土壤调理剂包括生物炭、泥炭（草炭）、褐煤、风化煤等。

这种调理剂中含有丰富的碳资源，对提高土壤肥力、改善土壤理化性质方面应用前景广阔。

生物炭是指有机物料（如秸秆、花生壳、淤泥或动物粪便等）在缺氧或无氧条件下经过高温裂解得到的一种物质，其表面积大，有较强的吸附能力，被广泛应用于土壤改良。一般制备生物炭的温度为 300～500℃，不同的原料和制备条件得到的生物炭性质也不同，对土壤的改良效应又因其添加量和添加方式而异。

泥炭又称草炭、草煤，是生成于沼泽中的特定产物，由木本、草本和藓类等植物，埋藏地下经不完全分解而形成的有机沉淀物，有机质含量为 45%～74%，其疏松多孔，能够提高土壤保水保肥能力，是改良低产土壤的好材料。

褐煤是一种年轻煤，热值较低，含腐殖酸 10%～50%，部分褐煤保存有植物残体和树木的年轮。施在稻田中，可以起到改良土壤理化性状的作用，还能用于制造硝基腐殖酸，或用来提取腐殖酸制剂用于改良土壤。

风化煤即露头煤又叫引媒，是煤层裸露地表经风化作用形成的。硬度、机械强度下降，热值降低，含腐殖酸 36%～53%，化学交换容量较高。低产农田直接施用适量的风化媒粉改良土壤理化性状，能够收到增产效果。

③化学源土壤调理剂，由化学制剂或由化学制剂经标准化工艺加工而成，同时能改善土壤物理或化学障碍性状的土壤调理剂。化学源主要包括表面活性剂和有机酸类土壤调理剂。

表面活性剂是指加入少量能使溶液体系的界面状态发生明显变化的物质。常用的表面活性剂类土壤调理剂包括脂肪酸甲酯磺酸钠、聚乙烯失水聚醇硬脂酸酯、月桂醇乙氧基硫酸铵等。表面活性剂类土壤调理剂主要用于修复有机污染或重金属污染土壤，通过吸附/解析和增容、胶束作用降低了界面张力，使重金属进入土壤液相，提高重金属在土壤中的流动性。

有机酸类土壤调理剂包括柠檬酸、聚马来酸等。该类调理剂呈酸性，能够降低土壤

pH、活化土壤中的重金属元素，常被用于改良盐渍化土壤，或用于淋洗修复重金属污染土壤，将表层土壤中的重金属离子淋洗到底土中。

（二）土壤调理剂的功能

土壤的障碍特性是影响土壤肥力和植物生长的关键因素，而土壤调理剂是改良障碍土壤的重要生产资料。土壤调理剂产业发展反映了矿产资源开发、废弃物循环利用、耕地质量保护、农产品质量安全等多领域综合技术水平。

障碍土壤是指由于受自然成土因素或人为因素的影响，而使植物生长产生明显障碍或影响农产品质量安全的土壤。障碍因素主要包括质地不良、结构差或存在妨碍植物根系生长不良土层、肥力低下或营养元素失衡、酸化、盐碱、土壤水分过多或不足、有毒物质污染等。与障碍因素相对应，土壤调理剂的功能包括改良土质地与结构、调节土壤水分、调节土壤酸碱度、改良盐碱土壤、改善土壤养分状况、修复污染土壤、提高土壤微生物和酶的活性。

1. 改良土壤质地与结构　土壤质地与土壤通气、保水保肥能力密切相关，反映母质来源及成土过程的某些特征。土壤结构是土壤肥力的重要基础，是成土过程或利用过程中由物理的、化学的和生物的多种因素综合作用而形成。良好的土壤结构能保水保肥，及时通气排水，调节水气矛盾，协调水肥供应，并利于植物根系在土体中穿插生长。土壤质地不良和结构问题往往伴生存在，而某些天然矿石、固体废弃物或化学源制备的土壤调理剂都已证明对土壤质地和结构具有较好的改良效果。

2. 调节土壤水分　蓄水保肥是土壤调理剂的一大应用优势，在保证土壤水分适宜的同时，还能有效缓解土壤酸碱化、水土流失等问题的出现。利用作物秸秆、膨润土及新型化学复合材料制作土壤调节剂，喷洒后显著增加了土壤的蓄水能力，其中秸秆还能够增加土壤之间的黏合力，对于抵抗水土流失等问题也有显著效果。

3. 调节土壤酸碱度　酸性土壤在我国南方地区有着广泛分布，酸性土壤的 pH 一般低于 5.0，除了种植一些耐酸性的经济作物（菜豆、烟草、茉莉等）外，常见的农作物基本难以正常生长。碱性土多分布在北方地区，以天津、德州、连云港等地区较为集中，碱性土壤的 pH 大于 8.0，也不利于作物的生长。用碱渣代替石灰作为土壤调节剂，调整碱渣含量，逐步平衡土壤酸度，使土壤酸碱度正常。

4. 改良盐碱土壤　盐碱土是指土壤里所含盐分浓度过高，使作物根部失水而影响作物的正常生长。农业农村部统计数据显示，我国盐碱地约为 9 900 hm^2，主要集中在东北、西北、华北等地区。盐碱土有机质含量较低、pH 较高，会影响土壤微生物的活性，降低土壤生产力。而土壤调理剂能够有效改善盐碱土的不良性状，如以海带为原料制成的生物炭能够提升土壤中有机质含量；聚马来酸能够降低土壤 pH，提高土壤酶活性，提高土壤肥力。

5. 改善土壤养分状况　不同的作物对于养分的需求量和吸收量不同，同一块农田在长期种植某类作物后，土壤中很容易出现养分失衡现象。土壤调理剂中含作物生长所需要的大量或中微量元素，如磷矿石能够补充土壤中的磷素，钾长石含有大量元素钾，可供植物生长吸收，硅藻土中含有硅元素，能够有效促进喜硅作物的生长。

6. 修复污染土壤　土壤污染不仅会影响正常的作物生长状况，而且还会使部分有毒物质在作物中堆积。动物或人类食用这些受污染的作物后，还会通过食物链的传递作用，影响人体健康。重金属污染是常见的土壤污染类型，由于化工厂将未经处理的废水直接排入河流、农田，导致一些化工金属堆积在土壤内，造成土壤污染。硫化铁与电石渣、菌渣联合使用能够显著降低土壤中有效态砷含量。

7. 提高土壤微生物和酶的活性　土壤微生物的活性反映了土壤肥力状况，是衡量土壤生态系统功能的重要指标之一，土壤酶活性是反映土壤环境状况的重要生物活性指标，土壤生态环境恶化会导致土壤微生物和酶活性下降。如绿肥等有机物料能够增加土壤中有机质含量，提高土壤酶活性，促进微生物的生长。

二、土壤调理剂应用现状

根据农业农村部种业管理司肥料登记数据，截至 2021 年 7 月，已登记或临时登记的各类土壤调理剂有 206 种，进行登记的企业有 145 家，遍及全国各地。登记的产品 63% 是粉剂，32% 是颗粒，5% 是水剂。仅 2018 年上半年，我国土壤调理剂总产量达 210.9 万 t。我国 2014—2017 年土壤调理剂产量见图 3-1，土壤调理剂登记产品数量见图 3-2，适合于各类型土壤的调理剂占调理剂总数的百分比见图 3-3，我国已登记的土壤调理剂类原材料种类及数量见图 3-4，我国已登记的土壤调理剂产品企业的分布见图 3-5。

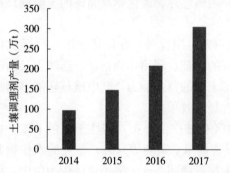

图 3-1　我国 2014—2017 年土壤调理剂产量

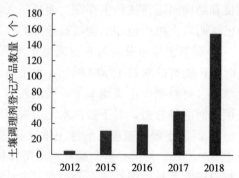

图 3-2　我国 2012—2018 年土壤调理剂登记产品数量

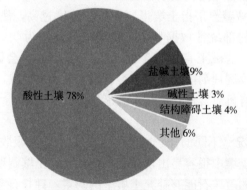

图 3-3　我国适合于各类型土壤的调理剂占调理剂总数的百分比（2021 年 7 月）

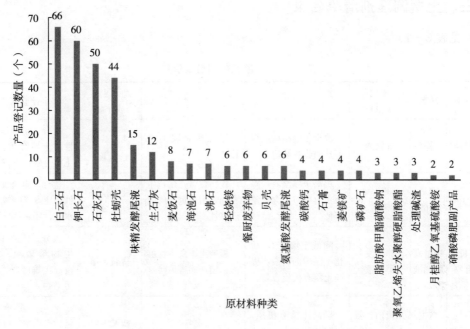

图 3-4 我国已登记的土壤调理剂类原材料种类及数量（2021 年 7 月）

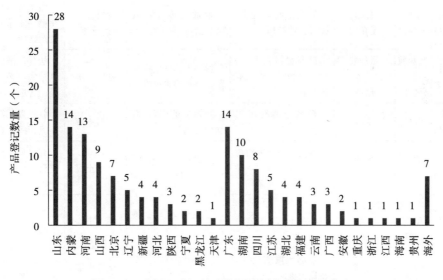

图 3-5 我国已登记的土壤调理剂产品企业的分布

截至 2019 年 5 月，登记中的土壤调理剂原材料以矿物源材料为主。已登记的土壤调理剂中有 81 项的原材料使用了石灰类物质，占总登记数的 51.6%；有 9 项的原材料使用了含磷物质（磷矿石、钙镁磷肥、硝酸磷肥副产品），除已登记的产品外，羟基磷灰石、骨炭粉、磷酸二氢钾、磷石膏（生产磷肥废弃物）也常用于土壤修复中；有 65 项的原材料是硅酸盐矿物，占总登记数的 41.4%。除已登记的产品外，硅藻土、凹凸棒土、蛭石、珍珠岩也常用于土壤修复中。

三、土壤调理剂清单名录

参见表 3-1。

表 3-1　土壤调理剂目录信息

序号	品类	品名	主要成分或原料	有效性	安全性	适用土壤或作物	安全性监测指标
1	有机酸	柠檬酸	柠檬酸	改良土壤结构、缓解盐对作物胁迫	增强重金属的迁移性	北方盐碱土壤	盐分、重金属有效性、土壤容重，pH，土壤全磷、土壤 CEC
2	有机酸	聚马来酸	聚马来酸	提高土壤全氮，降低土壤容重，含盐量降低	作物贪青、延长生育期，增强重金属的迁移性	北方盐碱土壤	盐分、重金属有效性、土壤容重，pH，水稳性团聚体
3	有机废弃物	味精发酵尾液	味精发酵尾液	降低土壤 pH，活化土壤中的磷素，提高土壤有机质含量	影响土壤微生物群落，增加病害风险	盐碱土壤	盐分、钠离子、微生物量碳氮、病原菌、土壤呼吸、有机污染物
4	有机废弃物	禽类羽毛	角蛋白、氨基酸、多肽	提高土壤有机质，缓解盐对作物的胁迫	臭味	盐碱土壤	盐分、重金属全量、有机质、pH、速效养分
5	有机废弃物	餐厨废弃物	餐厨废弃物	补充土壤有机质，改善土壤结构	增加土传病害风险、盐分	结构障碍土壤	微生物量碳氮、病原菌、土壤呼吸、有机污染物
6	有机废弃物	氨基酸发酵尾液	氨基酸发酵尾液	提高肥料利用率，增强作物对营养元素的吸收	影响土壤微生物群落，增加病害风险	盐碱土壤	盐分、微生物量碳氮、病原菌、土壤呼吸、有机污染物
7	有机废弃物	统糠	统糠	提高土壤有机质含量	降解速度缓慢，增加病害风险	一般土壤	有机质、微生物量碳氮、病原菌
8	有机废弃物	甜叶菊渣	甜叶菊渣	提高土壤微生物功能和优化其结构，促进土壤碳、氮循环	降解速度缓慢，增加病害风险	一般土壤	有机质、微生物量碳氮、病原菌、土壤呼吸
9	无机废弃物	硝酸磷肥副产品	硝酸钙、硝酸铵钙	补充土壤钙、氮	可能引入重金属污染	酸性土壤	重金属、有效磷、土壤全磷
10	无机废弃物	水淬渣	水淬渣	增加土壤透气性，改良土壤酸化	降低土壤保水保肥能力	酸性土壤	重金属、pH、土壤容重、速效养分
11	无机废弃物	碱渣	钙盐	含有钙镁硅钾磷等元素，可改良酸性土壤，促进有机质的分解	降低土壤有机质、速效钾含量的下降，以及 Cr 污染风险	酸性土壤	重金属、pH、土壤容重、速效养分
12	无机废弃物	钢渣	氧化钙	补充钙、镁、磷等元素，在水旱轮作中对 pH 提升作用更为显著	可能引入重金属污染	酸性土壤	重金属、pH、土壤容重、速效养分

（续）

序号	品类	品名	主要成分或原料	有效性	安全性	适用土壤或作物	安全性监测指标
13	无机废弃物	轻烧镁	氧化镁	改良酸性土壤，提高土壤 pH，补充镁元素	可能引入重金属污染	酸性土壤	重金属、pH、土壤容重、速效养分
14	无机废弃物	生物质发电灰	草木灰	提高土壤 pH，补充少量养分，但利用率不高	可能引入重金属污染	酸性土壤	重金属、pH、土壤容重、速效养分
15	无机废弃物	燃煤烟气脱硫石膏	硫酸钙	促进土壤团聚体的形成，降低土壤黏性，改良高镁土壤	有效氮磷钾降低	碱化土壤	重金属、pH、土壤容重、速效养分
16	无机废弃物	钼尾矿	二氧化硅、氧化铝、少量钼	补充钼元素	可能引入重金属污染	酸性土壤	重金属、pH、土壤容重、微生物量碳氮、土壤呼吸
17	无机废弃物	电石渣	氢氧化钙	改良酸性土壤，提高土壤 pH，补充钙元素	可能引入 Cd、Ni、As 污染，土壤结构退化	酸性土壤	重金属、pH、土壤容重、速效养分
18	无机废弃物	粉煤灰	粉煤灰	提高土壤 pH，补充少量养分，但利用率不高	可能引入重金属污染	酸性土壤	重金属、pH、土壤容重、速效养分
19	无机废弃物	赤泥	氧化硅、氧化铝	提高土壤 pH，补充钙、镁、硅、钾等元素	强碱性，有重金属污染风险	酸性土壤	重金属、pH、土壤容重、速效养分
20	铁物质	铁物质	氢氧化铁、针铁矿	促进土壤团聚体的形成，改良土壤结构	抑制磷的有效性，加剧土壤酸化	砷污染土壤	重金属、pH、土壤容重、微生物量碳氮、土壤呼吸
21	石灰类	石灰石	石灰石	提高土壤 pH，补充中量元素	土壤板结、团粒结构破坏、铬砷活性增强	酸性土壤	重金属、pH、土壤容重、速效养分
22	石灰类	方解石	方解石	提高土壤 pH，补充中量元素	土壤板结、团粒结构破坏、铬砷活性增强	酸性土壤	重金属、pH、土壤容重、速效养分
23	石灰类	白云石	白云石	提高土壤 pH，补充中量元素	土壤 K、Ca、Si、Mg 失衡，影响 Mg 的利用	保护地障碍土壤	重金属、pH、土壤容重、速效养分
24	石灰类	白云石	白云石	提高土壤 pH，补充中量元素	土壤 K、Ca、Si、Mg 失衡，影响 Mg 的利用	酸性土壤	重金属、pH、土壤容重、速效养分
25	石灰类	牡蛎壳	牡蛎壳	改良土壤 pH，调整土壤中微生物的种群结构	土壤板结、团粒结构破坏、铬砷活性增强	酸性土壤、盐碱土壤、黏性土壤	重金属、pH、土壤容重、有机质、速效养分

（续）

序号	品类	品名	主要成分或原料	有效性	安全性	适用土壤或作物	安全性监测指标
26	石灰类	珊瑚	珊瑚	改良土壤 pH，调整土壤中微生物的种群结构	土壤板结、团粒结构破坏、铬砷活性增强	酸性土壤	重金属、pH、土壤容重、有机质、速效养分
27	石灰类	生石灰	氧化钙	提高土壤 pH，补充中量元素	土壤板结、团粒结构破坏、铬砷活性增强	酸性土壤	重金属、pH、土壤容重、速效养分
28	石灰类	菱镁石	碳酸钙	提高土壤 pH，补充中量元素	土壤板结、团粒结构破坏、铬砷活性增强	酸性土壤	重金属、pH、土壤容重、水稳性团聚体、速效养分
29	石灰类	磷石膏	硫酸钙	中和碱性土壤，改善土壤透气性，补充土壤硫素	引入 Pb、Cu、Zn 污染，且酸性会活化重金属	碱性土壤	重金属、pH、土壤容重、水稳性团聚体、速效养分
30	石灰类	熟石灰	氢氧化钙	提高土壤 pH，补充中量元素	土壤板结、团粒结构破坏、铬砷活性增强	酸性土壤	重金属、pH、土壤容重、速效养分
31	磷酸盐类	氟磷灰石	$Ca_5(PO_4)_3F$	补充磷素，提高土壤 CEC 含量，可用于修复重金属污染土壤	磷流失导致面源污染，引起作物缺锌、铁等，低品位的磷灰石可能含有其他重金属	铅污染土壤	重金属、有机质、阳离子交换量、速效养分
32	磷酸盐类	羟基磷灰石	$Ca_5(PO_4)_3(OH)$	提高土壤速效磷和碱解氮的含量，少量提高土壤有机质	降低细菌群落分度和多样性	铅污染土壤	重金属、有机质、阳离子交换量、速效养分
33	磷酸盐类	钙镁磷肥	钙镁磷肥	补充土壤磷素，缓解土壤酸化，抑制阳离子重金属迁移	增加土壤砷的有效性	铅污染土壤	重金属、有机质、阳离子交换量、速效养分
34	含碳类	泥炭	草炭	降低钠离子含量，提高有效磷含量	土壤酸化	盐碱土壤	重金属、有机质、土壤容重、速效养分
35	含碳类	铁基生物炭	生物炭、硫酸亚铁	调节土壤 pH，降低重金属有效性	可能降低土壤微生物丰度	砷、镉污染水稻土	重金属、有机质、土壤容重、速效养分
36	含碳类	褐煤	褐煤	降低钠离子含量，提高有效磷含量	引入重金属污染物	盐碱土壤	重金属、有机质、土壤容重、速效养分
37	含碳类	风化煤	风化煤	降低钠离子含量，提高有效磷含量	土壤酸化，引入重金属污染物	盐碱土壤	重金属、有机质、土壤容重、速效养分
38	硅酸盐类	粘土矿石	粘土矿石	增加土壤 CEC 和保肥能力	影响土壤透气性，养分元素有效性降低	保护地障碍土壤	重金属、pH、速效养分、阳离子交换量
39	硅酸盐类	蒙脱石，膨润土	蒙脱石	增加土壤 CEC 和保肥能力	影响土壤透气性，养分元素有效性降低	保护地障碍土壤、盐碱土壤	重金属、pH、速效养分、阳离子交换量

（续）

序号	品类	品名	主要成分或原料	有效性	安全性	适用土壤或作物	安全性监测指标
40	硅酸盐类	麦饭石	麦饭石	提高土壤阳离子交换量，增强土壤耐酸能力，活化土壤养分	有效性不高，大量施入有引入重金属风险	酸性土壤、盐碱土壤	重金属、pH、速效养分、阳离子交换量
41	硅酸盐类	钾长石	钾长石	补充土壤钾素，但利用率低需要活化提取		非碱性土壤	重金属、pH、速效养分、阳离子交换量
42	硅酸盐类	沸石	沸石	提高土壤pH，提高土壤保水保肥能力，可用于重金属污染治理	可能降低养分元素有效性	酸性土壤、重金属污染土壤	重金属、pH、速效养分、阳离子交换量
43	硅酸盐类	海泡石	海泡石	增加土壤有机质、CEC及速效钾含量		酸性土壤	重金属、pH、速效养分、阳离子交换量
44	硅酸盐类	硅藻土	硅藻土	提高土壤pH，增加土壤有机质含量		酸性土壤	重金属、pH、速效养分、阳离子交换量
45	硅酸盐类	硅灰石	硅酸钙	养分利用率不高	土壤板结	酸性土壤	重金属、pH、速效养分、阳离子交换量
46	硅酸盐类	珍珠岩	珍珠岩	提高土壤的保水保肥能力，改善土壤结构，调节土壤板结	有效性不高，大量施入有引入重金属风险	酸性土壤	重金属、pH、速效养分、阳离子交换量
47	硅酸盐类	蛇纹石	蛇纹石	提高土壤pH，作为配料稳定肥效		酸性土壤	重金属、pH、速效养分、阳离子交换量
48	表面活性剂	月桂醇乙氧基硫酸铵	月桂醇乙氧基硫酸铵	补充土壤氮素、有机质，改良土壤结构	有效磷含量下降，砂性土壤有面源流失风险	结构障碍土壤	重金属、pH、土壤容重、水稳性团聚体
49	表面活性剂	脂肪酸甲酯磺酸钠	脂肪酸甲酯磺酸钠	改良土壤结构	土壤盐化风险	结构障碍土壤	重金属、pH、土壤容重、水稳性团聚体
50	表面活性剂	聚氧乙烯失水聚醇硬脂酸酯	聚氧乙烯失水聚醇硬脂酸酯	改良土壤结构	增强有机污染物迁移性	结构障碍土壤	重金属、pH、土壤容重、水稳性团聚体

第二节　土壤调理剂的安全性分析

一、土壤调理剂与耕地质量的作用关系

耕地是用于种植粮食作物、蔬菜和其他经济作物的土地，是农业生产之基。耕地质量状况影响到粮食安全和生态环境安全，和人类的命运息息相关。陈印军等将耕地质量分为4个部分，即耕地土壤质量、耕地环境质量、耕地管理质量和耕地经济质量。其中耕地土

壤质量是指耕作土壤本身的优劣状态，是耕地质量的基础，它包括土壤肥力质量、土壤环境质量及土壤健康质量。土壤肥力质量是指土壤的肥沃与瘠薄状况，是土壤提供植物养分和生产生物物质的能力，是保障农作物生产的根本；土壤环境质量是土壤容纳、吸收和降解各种环境污染物的能力；土壤健康质量反映了耕地土壤污染状况，衡量了耕地是否具有生产对人体健康无害农产品的能力。

在我国土地资源非常有限。根据第二次全国土地调查结果显示，2015 年我国人均耕地不足 0.11 hm²，为世界人均占有量的 45%。我国耕地质量普遍处于较低水平，如土壤有机质含量不足 1% 的耕地面积就占全国耕地面积的 26%。随着社会、经济的不断发展，我国耕地数量持续减少，耕地土壤退化加剧，主要表现在土壤耕层变浅、土壤养分不平衡、有机质含量偏低、土壤水土流失及酸化、盐碱化、沙化等方面，而且由于成土母质及人为因素等的影响，我国土壤重金属污染严重，农田重金属污染率达到约 20%，土壤环境恶劣，威胁农产品产量与质量，严重制约农业的可持续发展。

为了改善耕地土壤质量，提高土壤生产力，土壤调理剂被广泛应用于退化土壤的改良，其作用主要有：

①改善土壤物理性状，增强土壤的保水保土能力。

②调节土壤酸碱度，增强土壤中营养元素的有效性，提高土壤肥力。

③提高土壤中有益微生物和酶活性，抑制病原微生物，增强植物的抗性。

④降低重金属污染土壤中重金属 Cd、Pb、Zn、Co、Cu、Ni 等的迁移能力，抑制作物对重金属的吸收。

二、土壤调理剂对土壤肥力质量的作用

土壤 pH 会影响一系列土壤过程，包括土壤生物及生物化学活动、有机配合元素的矿化、化学吸附、沉淀反应和植物的养分吸收。

（一）石灰类土壤调理剂

石灰类调理剂中的石灰性物质通过影响土壤 pH 来影响土壤中各种矿物质和有毒元素的有效性。石灰类物质中含有大量的钙离子和碳酸根离子，添加到土壤中可以分别影响土壤阳离子（如镁离子和钾离子）和阴离子（如含磷阴离子）的生物有效性和利用率，向土壤中添加石灰类物质，会触发土壤的缓冲作用，可以调节可交换阳离子的平衡，以及铝、锰、铁矿物的溶解。施用牡蛎壳土壤调理剂能提高土壤有机质、碱解氮、有效磷、速效钾、交换性钾含量，提高土壤 pH，阻控土壤酸化。珊瑚钙质砂能够提高土壤 pH，改善土壤微生物数量和多样性，增强酶活性，加快土壤矿化速率，使速效养分提高，但会导致有机质含量下降；pH 的升高会增强氨挥发和硝化作用，有效磷被钙化固定，导致部分速效养分流失。闫志浩等表明石灰的施用引入钙镁离子，土壤交换性盐基离子增加，石灰用量过高时土壤速效氮、有效磷、速效钾含量会降低。施用石灰、石灰石对土壤速效钾具有较大的副作用，主要是其施用后引起土壤交换性钙含量显著增加，造成土壤速效钾固定增加。

（二）磷酸盐类土壤调理剂

磷酸盐类土壤调理剂能够补充土壤磷素，平衡缺磷土壤的养分状况。倪志强等发现磷

尾矿中含有钙、镁和少量磷，能够一定程度上提供土壤磷素。钙镁磷肥和磷矿粉的施用能有效增加土壤有效磷的含量。过磷酸钙呈酸性能够降低土壤 pH，增加速效磷的含量。但是用磷酸盐修复重金属污染土壤，可能引发一些环境风险，如磷酸盐施用不当可能会引起磷淋失，造成水体富营养化，在缓冲能力差的土壤中，铵盐或钙盐与磷肥共施，可能会引起土壤酸化。

（三）硅酸盐类土壤调理剂

硅酸盐类土壤调理剂能够提高土壤 pH。田中学等发现 1％的钾长石能够提高土壤的 pH 1.8～2.5 个单位，使 CEC 增加 22.8％。王梅发现 10％蒙脱石处理后的酸性土壤其 pH 增加，阳离子交换量由原来的 6～7 cmol/kg 增加到 15.4cmol/kg 以上。由沸石、蛭石、膨润土天然矿石制成的调理剂富含多种矿物质元素，沸石能改善土壤结构、提高土壤渗透性、提高离子交换容量、提高氮肥利用率。硅酸钙能够吸附钙、镁离子，有效降低土壤碱化度，并改善土壤速效氮磷钾状况。

（四）金属及其氧化物类土壤调理剂

硫酸铁与石灰石、硅藻土复合的土壤调理剂施入土壤中，不仅能够调节土壤酸碱度，还能够补充中微量营养元素铁和硅。

但铁物质会降低土壤养分如磷的有效性。在厌氧环境中，亚铁离子会抑制根系氧化能力，导致毒害。$FeSO_4$、$Fe(SO_4)_3$ 的施入会释放出 H_2SO_4 而导致土壤酸化，因此常用生石灰与其混合使用。在铬污染土壤中添加 $FeSO_4$，会降低土壤有机质、碱解氮和速效钾含量，明显降低土壤有效磷含量，恶化土壤肥力。

（五）无机废弃物类土壤调理剂

无机废弃物类调理剂主要是一些工业固体废弃物，这些废弃物物理化学性质各不相同。

电石渣的主要成分是氢氧化钙，有强碱性，常用于改良酸性土壤。

磷石膏、脱硫石膏中含有大量的钙离子，能置换盐碱土中的钠离子，可有效降低盐碱土的盐分。磷石膏中含有钙、铁、硅、镁、磷等植物必需的养分，能够改善养分结构、提高土壤肥沃程度、提高土壤阳离子交换量、增加农作物产量、改善农作物品质，除此之外，还能降低土壤黏粒含量，进而改善土壤结构，其中的酸性物质还能降低土壤 pH，改良盐碱化土壤。

粉煤灰其密度低于一般土壤密度，容重低且比表面积大，有较好的透气性和吸附活性，填充到砂土中能够增强其保水性，提高土壤抗旱能力；碱性粉煤灰能增加酸性土壤的 pH；酸性粉煤灰能降低盐碱地的 pH，降低土壤容重，改善土壤环境；粉煤灰还含有一些营养元素，如 Mg、K、B，可以提供植物养分，提高作物产量。适量的粉煤灰还可以提高土壤微生物的活性，而用量过高时，则会减少土壤中微生物与酶的活性。研究表明，生物质发电灰渣中含有硅酸盐、钙、钾、铁、镁等化合物，加工处理后能够改善土壤养分供应，也能够改良酸性土壤及土壤结构。

（六）有机废弃物类土壤调理剂

有机废弃物类土壤调理剂一般需经过处理后，用于障碍土壤的改良。

甜叶菊渣可以作为有机肥料，能提高土壤微生物功能，优化微生物群落结构，促进土壤碳、氮循环。沼渣能够有效改善土壤结构，增强土壤保水能力，提高土壤质量。味精尾液能够降低土壤 pH，减少土壤对磷的固定，提高土壤磷的有效性，保持土壤微生物的活性并改善土壤生物化学环境。但味精尾液中含有大量的碱盐，钠离子含量较高，直接施用于土壤，有引起盐害的风险。

（七）含碳类土壤调理剂

含碳类土壤调理剂能够提高土壤有机质含量，改善土壤肥力，提高土壤的缓冲性能。王义祥等发现生物炭含有碱性基团，能中和土壤酸度，提高茶园土壤的 pH，提高其施用量能增加茶园土壤的细菌数量和土壤碱性磷酸酶的活性。郭军玲等发现，含碳物料能够降低 $0\sim20cm$ 土层的土壤容重，增加土壤孔隙度，调节土壤固液气三相比例。风化煤能够降低土壤 pH，有效改善盐碱土壤的理化性质。研究发现，当风化煤施用量为 $22\ 500\ kg/hm^2$ 时，降低土壤 pH 效果最好，且表层土壤 pH 降幅大于深层土壤 pH 降幅。风化煤中还含有腐殖酸，能降低土壤容重，增加土壤液相比和气相比，有效改善土壤结构。

（八）表面活性剂类土壤调理剂

根据表面活性剂溶于水后形成的离子及其电性，可将其分为阴离子型表面活性剂、阳离子型表面活性剂、非离子型表面活性剂和两性表面活性剂。

不同类型表面活性剂对土壤团聚体作用效果不同：阴离子型表面活性剂会降低土壤团聚体的稳定性，非离子型表面活性剂则有利于稳定土壤团聚体，阳离子型表面活性剂能够促进团聚体的形成，但当活性剂表面超负荷吸附会导致团聚体破碎分散。对于富含黏土和有机质的土壤，表面活性剂能够改良土壤结构，使土壤颗粒分散，但也改变了土壤团聚体的稳定性，有水土流失的风险。

（九）有机酸类土壤调理剂

聚马来酸能够减少土壤养分固定，降低土壤盐分，减轻土壤盐渍化程度，改善土壤结构，提高养分利用率。低浓度的聚马来酸能够提高土壤肥力，高浓度聚马来酸会降低土壤转化酶的活性。

三、土壤调理剂对土壤环境质量的作用

（一）石灰类土壤调理剂

石灰类土壤调理剂能修复重金属污染的土壤，其主要作用机理为：①吸附作用及离子交换作用，降低土壤中 H^+ 浓度，增加土壤表面负电荷，促进对重金属阳离子的吸附；②重金属离子生成氢氧化物或碳酸盐沉淀，降低其有效性；③钙铝离子等金属离子之间存在离子拮抗作用。

钙质砂能够提高酸性土壤的 pH。石灰性物质促进有益微生物的繁殖，抑制病原菌和有害生物的数量，石灰类土壤调理剂能够显著提高土壤 pH，改善土壤酸化，并通过提高土壤 pH 和交换性钙含量有效降低镉生物有效性。

然而石灰类土壤调理剂施用不当也会造成一定的风险：①长期利用石灰性物质时，大量施用会引起土壤过度石灰化，破坏土壤团粒结构，致使土壤板结，土壤中重金属离子再度活化，作物减产；②影响土著微生物的丰度和群落结构；③施入碳酸钙，土壤 pH 大于 7 时，容易使 Cr^{3+} 氧化为 Cr^{6+}，增加了铬的移动性和植物有效性。

（二）磷酸盐类土壤调理剂

磷酸盐不仅可以补充土壤磷素，还能治理土壤重金属污染。磷酸盐类土壤调理剂钝化重金属的机理：①吸附作用，磷酸盐表面直接吸附重金属，使重金属的有效性降低；②离子交换，磷灰石表面的阳离子与重金属的离子交换，使土壤中重金属离子浓度降低。③化合沉淀，磷酸根与重金属发生化学反应，生成沉淀。

磷酸盐能够改变重金属在土壤—植物系统中的形态来降低重金属的生物有效性和/或毒性。

磷酸盐施入污染土壤后，通过诱导吸附或沉淀等作用机理，只是显著降低重金属的有效形态，不能改变重金属在土壤中的总量，因而磷酸盐修复重金属污染土壤时可能存在较大的环境风险性。磷灰石和重过磷酸钙能够减小重金属 Cd、Pb、Cu、Zn 的有效性及生物可利用性，从而达到修复效果；其对于 Pb 的修复效果最优，其次是 Cd，对 Cu、Zn 的修复效果一般，某些处理甚至会有副作用，即使 Cu、Zn 活性增强，还可能会增加其地表径流，产生环境生态风险。

磷酸盐矿物作为钝化重金属材料施入土壤，施用量远远大于正常农业生产磷肥的施用量，较高的施用量可能会造成磷的积聚，从而引发一些环境风险，如磷淋失造成水体富营养化，营养失衡造成作物必需的中量和微量元素缺乏以及土壤酸化等。

（三）硅酸盐类土壤调理剂

硅酸盐类土壤调理剂钝化土壤重金属的主要机理：①化学沉淀作用，形成重金属沉淀 $Si-O-Pb$、Pb_3SiO_5、Pb_2SiO_4 等；②吸附作用，硅酸盐表面或孔隙吸附重金属，降低重金属离子的有效性；③火山灰反应降低重金属移动性。

硅酸盐能够改变土壤重金属形态，降低其生物有效性及迁移性。硅酸盐通过提高土壤 pH，增加了可变电荷中的负电荷，增加了土壤对重金属离子的吸附能力，降低其解吸，固定土壤中的有效态重金属；同时氢氧根离子增多，与土壤中的 Cu^{2+}、Zn^{2+} 等形成氢氧化物沉淀，降低重金属的生物有效性和迁移性。硅酸盐矿物（如蒙脱石、沸石）具有强大的阳离子交换性能，土壤中的重金属离子可被牢牢吸附在其表面。硅酸根能与土壤中的 Pb、Cd 等重金属发生化学反应，形成硅酸盐类化合物沉淀，从而改变土壤中的重金属形态，降低其生物有效性。硅酸盐还能改变土壤重金属形态，降低其生物有效性及迁移性。10% 的天然凹凸棒石（质量分数）可以使土壤 pH 提高 1～2 个单位，且在施用 35 d 后，铅的酸提取态含量降低了 11.9 mg/kg，残渣态含量增加。

硅酸盐矿物材料直接作为修复材料有一定缺陷，如低的负荷能力、相对较小的金属络合平衡常数、对金属离子低的选择性等往往通过极大的施用量，或者化学改性的方式提高其修复应用效果，从而增加对环境的风险。一般矿物材料的结构稳定，熔点较高，硅酸盐土壤调理剂生产的过程中往往是极端环境，如高温高压、强酸强碱等环境，应评价其在生产工艺中引入污染物的可能性。

（四）金属及其氧化物类调理剂

金属及其氧化物能够通过表面吸附、共沉淀途径完成对土壤重金属的钝化固定。锰物质在酸性土壤中会抑制作物对钙、镁的吸收，导致作物缺钙缺镁，出现嫩叶褶皱，老叶褐斑。铝物质在 pH<5.5 的环境里，会抑制作物根系生长，影响作物对中微量元素以及水

分的吸收，造成作物减产。

（五）无机废弃物类土壤调理剂

无机废弃物类土壤调理剂能够通过调节土壤 pH，钝化土壤中的重金属离子。

陈华等发现钢渣微粉对重金属污染土壤中 Cd、Cu、Pb、Ni、Zn 具有较好的固化率，在 4 周内均保持在 90% 以上，且高碱环境能抑制重金属污染土壤浸出重金属的能力，从而进一步提高钢渣对重金属的固化率。赤泥具有较强的碱性和吸附性，能够提高土壤 pH，降低土壤重金属 Cd、Pb、Cu、Zn 的移动性和生物有效性，改善土壤环境。然而该类土壤调理剂使用不当也会带来一定的负面影响。赤泥与羟基磷灰石能够改良酸性土壤，吸附溶液中的 Cr^{3+}、Pb^{2+}，从而达到钝化土壤重金属的目的。

（六）含碳类土壤调理剂

生物炭由于其良好的理化性状，在钝化修复重金属污染土壤中引起广泛关注。生物炭中含有大量的灰分，不仅能够提高土壤阳离子交换量，提高土壤肥力，而且能够钝化土壤中的重金属元素。5% 生物炭能够有效提高土壤 pH，降低土壤中重金属和 TCLP 提取态的含量。有研究表明，施用生物炭 5 年后，茶园土壤可溶性有机碳得到了不同程度的提高，且与生物炭用量成正比。

（七）表面活性剂类土壤调理剂

表面活性剂类土壤调理剂常用于淋洗修复重金属污染的土壤。如十二水硫酸钠和聚氧乙烯月桂醚能够与螯合剂复合应用于污染土壤的冲洗修复，能够减少镉、铅的移动性，降低土壤重金属毒性和生物可利用性。有研究表明，聚四季铵盐阳离子表面活性剂能够有效去除土壤中的铅元素。

（八）有机酸类土壤调理剂

有机酸也可以通过降低土壤的 pH 增强金属在土壤中的流动性，运用淋洗技术去除污染土壤中的重金属。低分子量有机酸、柠檬酸能络合土壤中的重金属，从而提高 Pb^{2+} 活度，增加超富集植物的富集量。低分子量有机酸能够与植物体内有毒重金属络合，降低重金属的有效性。

四、土壤调理剂对农产品质量的作用

土壤调理剂含有一定的农产品生长所需要的大量、中量或微量元素，有益于提高农产品的产量和品质，有些土壤调理剂还能有效防治植物病害。

（一）石灰类土壤调理剂

石灰类土壤调理剂施入土壤中提高了土壤的 pH，研究发现当土壤 pH＞6 时，土壤氮素矿化速率增加，硝化速率增大，土壤速效氮含量增加，进而增加产量。牡蛎壳作为石灰类土壤调理剂能够一定程度地补充花生的钙质营养，达到增产效果。珊瑚砂的钙含量稍低，但却含有较丰富的镁、锶、硼、锌、锰、铜等中微量营养元素，这些元素的加入不仅能够更好地满足作物的生长需求，还能有效提升其产量和品质，如能提高小白菜产量，增加其营养物质（如可溶性糖、可溶性蛋白、维生素 C）含量。但是当石灰添加量＞7 500 kg/hm² 时，会造成铵态氮挥发，磷酸钙盐沉淀，土壤中钾、钙、镁等营养元素平衡失调，抑制作物对养分的吸收，导致作物减产。

(二)磷酸盐类土壤调理剂

磷酸盐类土壤调理剂通过增加生物量积累，提高叶绿素含量，激发抗氧化酶的活性，利用氧化还原作用将体内形成的过氧化物转换为毒害较低或无害的物质。含磷调理剂能够作为磷源，供给作物生长发育，提高玉米产量。

(三)硅酸盐类土壤调理剂

硅酸盐能够提供某些作物生长所需的硅素，促进作物增产。武成辉等表示，硅酸盐适用于缺硅、偏酸性土壤，能够补充硅源，促进喜硅作物增产。硅酸盐类物质能够有效缓解重金属污染对植株生长的抑制作用。硅酸盐能减少植株地上部分对重金属的吸收，限制重金属离子在植株内的迁移及积累，增强植株对重金属胁迫的生理生化响应。

含有大量氨基酸和腐殖酸的调理剂能够增加草莓的单果重及产量，增强植株的抗病性，提高草莓硬度及草莓的可溶性固形物含量，改善草莓果实的口感。但有些土壤调理剂施用后也会增加空心菜的硝酸盐含量。施用调理剂可通过提高土壤 pH 和交换性钙含量有效降低镉的生物有效性，减少镉在水稻中的积累，同时，施用调理剂可提高稻米中矿物质元素，也有利于抑制镉向稻米中转土壤调理剂能提高稻米中蛋白质含量，以及提高矿物质元素钙、镁、铜、锌、铁、锰等在水稻中的积累。

(四)无机废弃物类土壤调理剂

赤泥碱性较强，通过提高土壤 pH 降低土壤中重金属的移动性和生物有效性。赤泥中含有大量的钙离子，可与土壤中的镉离子等竞争菜心根际吸收位点，减少根系吸收，从而减少菜心根茎的重金属积累，且有增产效果。

水淬渣与钢渣硅肺能显著提高石灰性土壤有效硅含量，促进玉米对硅、磷的吸收，增加玉米叶面积指数、干物质量，使作物增产。

(五)有机废弃物类土壤调理剂

脱盐后的味精尾液能够改良盐碱土，提高小白菜种子的发芽率，增强植物抗逆性，促进作物生长。

(六)含碳类土壤调理剂

含碳类土壤调理剂富含多种营养元素，能供给植物生长，增加小麦苗期的生物量，降低其茎叶和根部镉铅铬的累积量，并抑制镉铬从小麦根部向地上部转移。

(七)有机酸类土壤调理剂

高浓度聚马来酸能促进土壤中多种化合物的氧化，防止过氧化氢积累对生物体造成的毒害，改善甜瓜品质。施用不当会加剧重金属的污染状况。石灰性土壤中，柠檬酸和酒石酸能够有效降低土壤镉含量，缓解镉污染对小白菜的毒害作用，提高小白菜的抗逆性，增加其生物量和可溶性糖含量。

第三节　土壤调理剂对耕地质量安全性评价

一、土壤调理剂对南方典型露地蔬菜地耕地质量安全性评价

土壤调理剂选择了硅钙类调酸碱性调理剂，作为目前国内已登记的矿物源土壤调理剂产品的代表，海泡石作为黏土矿物原材料的代表，生物炭作为有机源土壤调理剂原材料的

代表。在珠三角城郊典型蔬菜田农田开展试验，选择水田/旱地 2 种不同土地利用方式，并以空心菜为试验作物。旱地试验与水田试验处理一致，分别设置 8 个处理，每个处理设置 3 个重复，各处理设计及小区布置示意图如表 3-2 和图 3-6 所示。

表 3-2 试验处理

序号	处理	土壤调理剂分类	亩施用量
1	常规对照（CK）	—	—
2	石灰（L）	无机类（石灰类）	石灰为 200kg
3	海泡石（SE）	无机类（黏土矿物）	海泡石为 200kg
4	生物炭（B）	有机类	生物炭为 400kg
5	硅钙酸碱调理剂（SC）	无机类（硅质）	硅钙酸碱调理剂为 200kg
6	海泡石+生物炭	无机类（黏土矿物）+有机类	海泡石 100kg 生物炭为 200kg
7	改性钼硅酸盐+海泡石	无机类（硅质）+无机类（物质）	硅钙酸碱调理剂为 100kg 海泡石为 100kg
8	改性钼硅酸盐+生物炭	无机类（硅质）+有机类	硅钙酸碱调理剂为 100kg 生物炭为 200kg

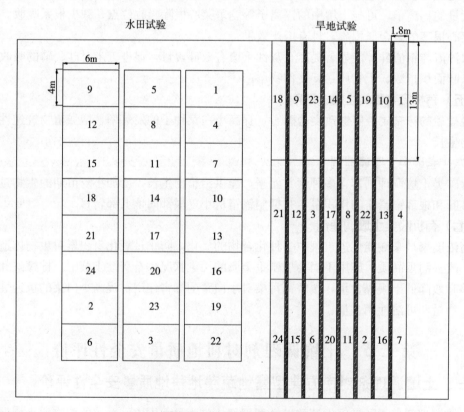

图 3-6 试验小区布置示意

试验区土壤基本性质情况如表3-3所示。

表3-3 试验区土壤基本性质情况

经纬度：N 23°15′18.24″ E 113°11′45.26″ 种植作物：空心菜

项目	数值
土壤 pH	6.62
碱解氮（mg/kg）	128.1
有效磷（mg/kg）	91.97
速效钾（mg/kg）	181.99
有机质（g/kg）	29.25
全氮（g/kg）	1.72
土壤总 Cd（mg/kg）	0.4394
土壤总 Pb（mg/kg）	102.87
土壤总 As（mg/kg）	18.61
土壤总 Hg（mg/kg）	0.48
土壤总 Cr（mg/kg）	62.54

（一）试验土壤调理剂对土壤肥力质量的影响

1. 土壤 pH 旱地试验区不同处理对土壤 pH 的影响如图3-7（a）所示，对照组土壤 pH 为 7.08±0.015，呈中性。经过处理后，单独施用石灰、海泡石、生物炭、硅钙酸碱调理剂均显著提升了土壤 pH，分别增加 0.35、0.22、0.51、0.24 个单位；在组合技术中，施用海泡石＋生物炭、硅钙酸碱调理剂＋海泡石、硅钙酸碱调理剂＋生物炭均显著提升了土壤 pH，分别增加 0.31、0.27 和 0.32 个单位。因所有调理剂 pH 均为碱性，因此各项处理对于 pH 都具有显著提升作用，其中生物炭效果最为显著。

水田试验区不同处理对土壤 pH 的影响如图3-7（a）所示，对照组土壤 pH 为 7.10±0.03，呈中性。经过处理后，单独施用石灰、海泡石、生物炭、硅钙酸碱调理剂均显著提升了土壤 pH，分别增加 0.22、0.20、0.40、0.24 个单位；在组合技术中，施用海泡石＋生物炭、硅钙酸碱调理剂＋海泡石、硅钙酸碱调理剂＋生物炭均显著提升了土壤 pH，分别增加 0.35、0.30 和 0.39 个单位。因所有调理剂 pH 均为碱性，因此各项处理对于 pH 都具有显著提升作用，其中生物炭效果最为显著。

2. 土壤有机质 旱地试验区不同处理对土壤有机质的影响如图3-7（b）所示，对照组土壤有机质为 30.25±5.44 g/kg，在广东地区属于中高水平。经过处理后，单独施用石灰显著降低了有机质含量，降幅为 23.82%；海泡石、生物炭、硅钙酸碱调理剂处理及其组合处理对土壤有机质含量的影响均没有达到显著水平。

水田试验区不同处理对土壤有机质的影响如图3-7（b）所示，对照组土壤有机质为 28.25±2.01 g/kg，在广东地区属于中高水平。经过处理后，单独施用石灰、硅钙调理剂＋海泡石、海泡石＋生物炭处理均显著降低了有机质含量，降幅分别为 8.92％、10.36％、20.11％；其他处理对土壤有机质含量的影响均没有达到显著水平。

3. 土壤全氮 旱地试验区不同处理对土壤全氮的影响如图 3-7（c）所示，对照组土壤全氮含量为 1.92±0.26 g/kg，在广东地区属于中等水平。经过处理后，单独施用石灰显著降低了全氮含量，降幅为 28.34％；海泡石、生物炭、硅钙酸碱调理剂处理及其组合处理对土壤全氮含量的影响均没有达到显著水平。

水田试验区不同处理对土壤全氮的影响如图 3-7（c）所示，对照组土壤全氮含量为 1.52±0.12 g/kg，在广东地区属于中等水平。经过处理后，单独施用石灰、海泡石、生物炭、硅钙酸碱调理剂处理及其组合处理对土壤全氮含量的影响均没有达到显著水平。

4. 土壤碱解氮 旱地试验区不同处理对土壤碱解氮的影响如图 3-7（d）所示，对照组土壤碱解氮含量为 147.7±14.16 mg/kg，在广东地区属于中等水平。经过处理后，单独施用海泡石以及海泡石＋硅钙调理剂、海泡石＋生物炭 2 个组合处理显著降低了碱解氮含量，降幅分别为 14.22％和 12.01％；其他处理对土壤碱解氮含量的影响均没有达到显著水平。

水田试验区不同处理对土壤碱解氮的影响如图 3-7（d）所示，对照组土壤碱解氮含量为 108.5±10.15 mg/kg，在广东地区属于中等水平。经过处理后，单独施用硅钙调理剂处理显著降低了土壤碱解氮含量，降幅为 5.38％；单独施用海泡石处理显著提高了土壤碱解氮含量，增幅为 26.77％；其他处理对土壤碱解氮含量的影响均没有达到显著水平。

5. 土壤有效磷 旱地试验区不同处理对土壤有效磷的影响如图 3-7（e）所示，对照组土壤有效磷含量为 92.57±25.85 mg/kg，在广东地区属于高等水平。经过处理后，单独施用石灰处理显著降低了有效磷含量，降幅为 23.75％；硅钙调理剂＋海泡石、硅钙调理剂＋生物炭组合处理显著提高了土壤有效磷含量，增幅分别为 42.05％和 41.89％；其他处理对土壤有效磷含量的影响均没有达到显著水平。

水田试验区不同处理对土壤有效磷的影响如图 3-7（e）所示，对照组土壤有效磷含量为 91.37±15.56 mg/kg，在广东地区属于高等水平。经过处理后，单独施用石灰、海泡石、硅钙调理剂处理显著降低了有效磷含量，降幅分别为 11.90％、18.13％、35.69％；其他处理对土壤有效磷含量的影响均没有达到显著水平。

6. 土壤速效钾 旱地试验区不同处理对土壤速效钾的影响如图 3-7（f）所示，对照组土壤速效钾含量为 177.36±42.03 mg/kg，在广东地区属于高等水平。经过处理后，各个处理对土壤速效钾含量的影响均没有达到显著水平。

水田试验区不同处理对土壤速效钾的影响如图 3-7（f）所示，对照组土壤速效钾含量为 186.61±32.93 mg/kg，在广东地区属于高等水平。经过处理后，各个处理对土壤速效钾含量的影响均没有达到显著水平。

（二）试验土壤调理剂对土壤重金属的影响

1. 土壤总镉 旱地试验区土壤中镉全量的影响如图 3-8 所示，对照组土壤镉全量为 0.36±0.04 mg/kg，高于《土壤环境质量　农用地土壤污染风险管控标准》 （GB/T

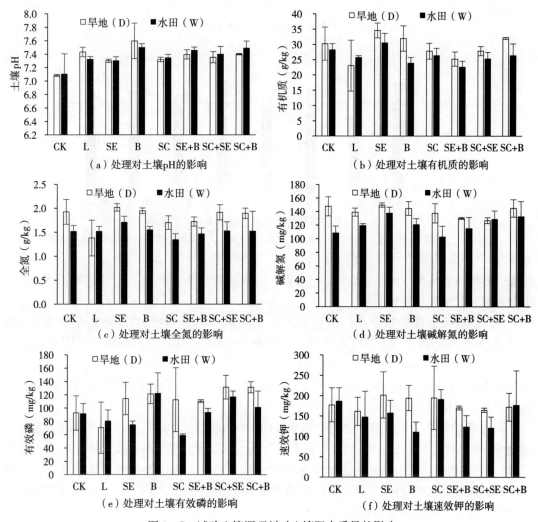

图 3-7 试验土壤调理剂对土壤肥力质量的影响

注：CK. 空白对照；L. 石灰处理；SE. 海泡石；B. 生物炭；SC. 硅钙酸碱调理剂；SE＋B. 海泡石＋生物炭；SC＋SE. 硅钙酸碱调理剂＋海泡石；SC＋B. 硅钙酸碱调理剂＋生物炭。

15618）中镉的筛选值（0.3mg/kg），可能存在食用农产品不符合质量安全标准等土壤风险。各个处理组土壤镉全量的变化均没有达到显著水平（p＜0.05），因此试验所用到的石灰、海泡石、硅钙酸碱调理剂、生物炭均没有引入外源 Cd 污染。

水田试验区土壤中镉全量的影响如图 3-8 所示，对照组土壤镉全量为 0.37±0.14 mg/kg，高于《土壤环境质量 农用地土壤污染风险管控标准》（GB/T 15618）中镉的筛选值（0.3mg/kg），可能存在食用农产品不符合质量安全标准等土壤风险。各个处理组土壤镉全量的变化均没有达到显著水平（p＜0.05），因此试验所用到的石灰、海泡石、硅钙酸碱调理剂、生物炭均没有引入外源 Cd 污染。

2. 土壤总铅 旱地试验区土壤中铅全量的影响如图 3-9（a）所示，对照组土壤铅全量为 92.30±8.69 mg/kg，低于《土壤环境质量 农用地土壤污染风险管控标准》（GB/T 15618）中铅的筛选值（140mg/kg），农用地土壤风险低。各个处理组土壤铅全量的变化

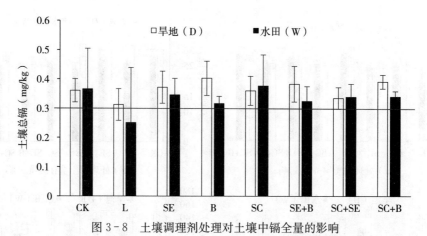

图 3-8 土壤调理剂处理对土壤中镉全量的影响

注：CK. 空白对照；L. 石灰处理；SE. 海泡石；B. 生物炭；SC. 硅钙酸碱调理剂；SE+B. 海泡石+生物炭；SC+SE. 硅钙酸碱调理剂+海泡石；SC+B. 硅钙酸碱调理剂+生物炭。

均没有达到显著水平（p<0.05），因此试验所用到的石灰、海泡石、硅钙酸碱调理剂、生物炭均没有引入外源铅污染。

水田试验区土壤中铅全量的影响如图 3-9（a）所示，对照组土壤铅全量为 67.22±17.79 mg/kg，低于《土壤环境质量　农用地土壤污染风险管控标准》（GB/T 15618）中铅的筛选值（140mg/kg），农用地土壤风险低。各个处理组土壤铅全量的变化均没有达到显著水平（p<0.05），因此试验所用到的石灰、海泡石、硅钙酸碱调理剂、生物炭均没有引入外源铅污染。

3. 土壤总铬　旱地试验区土壤中铬全量的影响如图 3-9（b）所示，对照组土壤铬全量为 66.17±4.82 mg/kg，低于《土壤环境质量　农用地土壤污染风险管控标准》（GB/T 15618）中铬的筛选值（200 mg/kg），农用地土壤风险低。各个处理组土壤铬全量的变化均没有达到显著水平（p<0.05），因此试验所用到的石灰、海泡石、硅钙酸碱调理剂、生物炭没有引入外源铬污染。

水田试验区土壤中铬全量的影响如图 3-9（b）所示，对照组土壤铬全量为 59.80±1.42 mg/kg，低于《土壤环境质量　农用地土壤污染风险管控标准》（GB/T 15618）中铬的筛选值（200mg/kg），农用地土壤风险低。各个处理组土壤铬全量的变化均没有达到显著水平（p<0.05），因此试验所用到的石灰、海泡石、硅钙酸碱调理剂、生物炭均没有引入外源铬污染。

4. 土壤总汞　旱地试验区土壤中汞全量的影响如图 3-9（c）所示，对照组土壤汞全量为 0.53±0.08 mg/kg，低于《土壤环境质量　农用地土壤污染风险管控标准》（GB/T 15618）中汞的筛选值（2.4 mg/kg），农用地土壤风险低。各个处理组土壤汞全量的变化均没有达到显著水平（p<0.05），因此试验所用到的石灰、海泡石、硅钙酸碱调理剂、生物炭没有引入外源汞污染。

水田试验区土壤中汞全量的影响如图 3-9（c）所示，对照组土壤汞全量为 0.65±0.16 mg/kg，低于《土壤环境质量　农用地土壤污染风险管控标准》（GB/T 15618）中汞的筛选值（2.4 mg/kg），农用地土壤风险低。各个处理组土壤汞全量的变化均没有达到显著水平（p＜0.05），因此试验所用到的石灰、海泡石、硅钙酸碱调理剂、生物炭均没有引入外源汞污染。

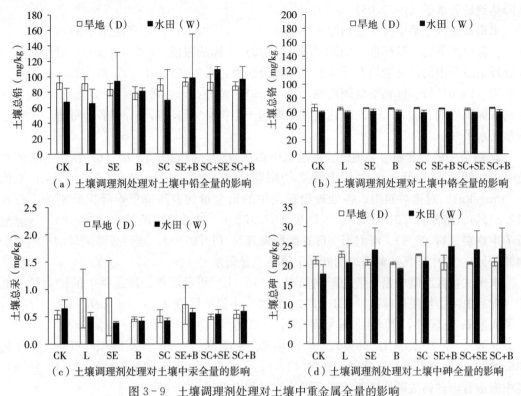

（a）土壤调理剂处理对土壤中铅全量的影响　　（b）土壤调理剂处理对土壤中铬全量的影响

（c）土壤调理剂处理对土壤中汞全量的影响　　（d）土壤调理剂处理对土壤中砷全量的影响

图 3-9　土壤调理剂处理对土壤中重金属全量的影响

注：CK. 空白对照；L. 石灰处理；SE. 海泡石；B. 生物炭；SC. 硅钙酸碱调理剂；SE+B. 海泡石+生物炭；SC+SE. 硅钙酸碱调理剂+海泡石；SC+B. 硅钙酸碱调理剂+生物炭。

5. 土壤总砷　旱地试验区土壤中砷全量的影响如图 3-9（d）所示，对照组土壤砷全量为 21.39±0.97 mg/kg，低于《土壤环境质量　农用地土壤污染风险管控标准》（GB/T 15618）中砷的筛选值（30 mg/kg），农用地土壤风险低。各个处理组土壤砷全量的变化均没有达到显著水平（p＜0.05），因此试验所用到的石灰、海泡石、硅钙酸碱调理剂、生物炭均没有引入外源砷污染。

水田试验区土壤中砷全量的影响如图 3-9（d）所示，对照组土壤砷全量为 17.87±2.39 mg/kg，低于《土壤环境质量　农用地土壤污染风险管控标准》（GB/T 15618）中砷的筛选值（30mg/kg），农用地土壤风险低。各个处理组土壤砷全量的变化均没有达到显著水平（p＜0.05），因此试验所用到的石灰、海泡石、硅钙酸碱调理剂、生物炭均没有引入外源砷污染。

（三）土壤调理剂对农产品安全风险指标的影响

1. 蔬菜中的镉含量　旱地试验区蔬菜中镉全量的影响如图 3-10（a）所示，各处理蔬菜中的镉全量均低于《食品中污染物限量标准》（GB 2762—2022）中镉的限值（0.2 mg/kg）。对比对照组各处理组蔬菜中的镉全量均有所降低，降幅分别为：石灰（17.58%）、海泡石（23.74%）、生物炭（13.74%）、硅钙酸碱调理剂（13.42%）、海泡石＋生物炭（20.92%）、海泡石＋硅钙酸碱调理剂（27.08%）、硅钙酸碱调理剂＋生物炭（24.79%）。其中海泡石、海泡石＋硅钙酸碱调理剂、硅钙酸碱调理剂＋生物炭 3 个处理下降达到显著水平（$p < 0.05$）。

水田试验区蔬菜中镉全量的影响如图 3 - 10（a）所示，各处理蔬菜中的镉全量均低于《食品中污染物限量标准》（GB 2762—2022）中镉的限值（0.2 mg/kg）。对比对照组各处理组蔬菜中的镉全量均有所降低，降幅分别为：石灰（18.22%）、海泡石（4.54%）、生物炭（15.64%）、硅钙酸碱调理剂（24.82%）、海泡石＋生物炭（16.61%）、海泡石＋硅钙酸碱调理剂（20.22%）、硅钙酸碱调理剂＋生物炭（11.97%）。但各个处理均没有达到显著水平（$p < 0.05$）。

2. 蔬菜中的铅含量 旱地试验区蔬菜中铅全量的影响如图 3 - 10（b）所示，各处理蔬菜中的铅全量均低于《食品中污染物限量标准》（GB 2762—2022）中铅的限值（1.0 mg/kg）。对比对照组，各处理组蔬菜中的铅全量均有所降低，降幅分别为：石灰（12.81%）、海泡石（31.39%）、生物炭（37.37%）、硅钙酸碱调理剂（73.39%）、海泡石＋生物炭（14.09%）、海泡石＋硅钙酸碱调理剂（14.97%）、硅钙酸碱调理剂＋生物炭（43.84%）。其中硅钙酸碱调理剂处理下降达到显著水平（$p < 0.05$）。

水田试验区蔬菜中铅全量的影响如图 3 - 10（b）所示，各处理蔬菜中的铅全量均低于《食品中污染物限量标准》（GB 2762—2022）中铅的限值（1.0 mg/kg）。对比对照组，除了海泡石处理外，其他处理组蔬菜中的铅全量均有所降低，降幅分别为：石灰（32.58%）、生物炭（18.98%）、硅钙酸碱调理剂（19.92%）、海泡石＋生物炭（36.07%）、海泡石＋硅钙酸碱调理剂（10.06%）、硅钙酸碱调理剂＋生物炭（10.20%）。其中海泡石＋硅钙酸碱调理剂处理下降达到显著水平（$p < 0.05$）。

3. 蔬菜中的铬含量 旱地试验区蔬菜中铬全量的影响如图 3 - 10（c）所示，各处理蔬菜中的铬全量均低于《食品中污染物限量标准》（GB 2762—2022）中铬的限值（0.5 mg/kg）。对比对照组，各处理组蔬菜中的铬全量均有所降低，降幅分别为：石灰（11.31%）、海泡石（51.89%）、生物炭（11.32%）、硅钙酸碱调理剂（12.36%）、海泡石＋生物炭（21.29%）、海泡石＋硅钙酸碱调理剂（51.42%）、硅钙酸碱调理剂＋生物炭（14.17%）。其中海泡石、硅钙酸碱调理剂＋海泡石 2 个处理下降达到显著水平（$p < 0.05$）。

水田试验区蔬菜中铬全量的影响如图 3 - 10（c）所示，各处理蔬菜中的铬全量均低于《食品中污染物限量标准》（GB 2762—2022）中铬的限值（0.5 mg/kg）。对比对照组，各处理组蔬菜中的铬全量均有所降低，降幅分别为：石灰（11.31%）、海泡石（51.89%）、生物炭（11.32%）、硅钙酸碱调理剂（12.36%）、海泡石＋生物炭（21.29%）、海泡石＋硅钙酸碱调理剂（51.42%）、硅钙酸碱调理剂＋生物炭（14.17%）。其中海泡石、硅钙酸碱调理剂＋海泡石 2 个处理下降达到显著水平（$p < 0.05$）。

4. 蔬菜中的砷含量 旱地试验区蔬菜中砷全量的影响如图 3 - 10（d）所示，各处理蔬菜中的砷全量均低于《食品中污染物限量标准》（GB 2762—2022）中砷的限值（0.5 mg/kg）。对比对照组，各处理组蔬菜中的砷全量均有所降低，降幅分别为：石灰（2.33%）、海泡石（27.33%）、生物炭（0.86%）、硅钙酸碱调理剂（0.42%）、海泡石＋

生物炭（0.88％）、海泡石＋硅钙酸碱调理剂（4.32％）、硅钙酸碱调理剂＋生物炭（0.85％）。但各个处理均没有达到显著水平（p＜0.05）。

水田试验区蔬菜中砷全量的影响如图 3-10（d）所示，各处理蔬菜中的砷全量均低于《食品中污染物限量标准》（GB 2762—2022）中砷的限值（0.5 mg/kg）。对比对照组，除石灰处理意外，各处理组蔬菜中的砷全量均有所降低，降幅分别为：海泡石（3.33％）、生物炭（19.20％）、硅钙酸碱调理剂（14.36％）、海泡石＋生物炭（10.05％）、海泡石＋硅钙酸碱调理剂（15.69％）、硅钙酸碱调理剂＋生物炭（27.94％）。但各个处理均没有达到显著水平（p＜0.05）。

5. 蔬菜中的汞含量 旱地试验区和水田试验区蔬菜中的汞含量均未检出。

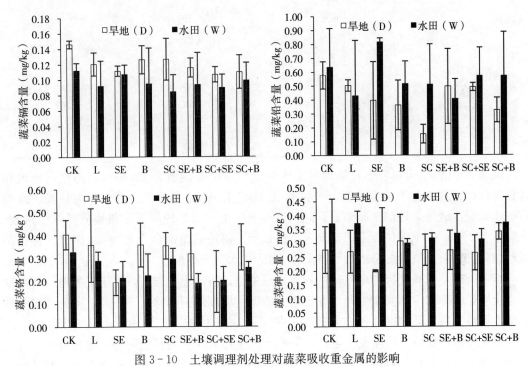

图 3-10 土壤调理剂处理对蔬菜吸收重金属的影响

注：CK. 空白对照；L. 石灰处理；SE. 海泡石；B. 生物炭；SC. 硅钙酸碱调理剂；SE＋B. 海泡石＋生物炭；SC＋SE. 硅钙酸碱调理剂＋海泡石；SC＋B. 硅钙酸碱调理剂＋生物炭。

（四）试验土壤调理剂对耕地质量安全性评价

按照《耕地质量等级》（GB/T 33469—2016）中的技术流程计算耕地质量综合指数。根据华南地区土壤特性，按照层次分析法和特尔斐法分别确定各指标的权重以及隶属度，计算结果详见表 3-4。

表 3-4 土壤调理剂对耕地质量综合指数的影响（％）

试验区	处理	耕地质量综合指数	差值（对照）
旱地试验区	对照	89.67	—
	石灰	88.33	−1.34

（续）

试验区	处理	耕地质量综合指数	差值（对照）
旱地试验区	海泡石	90.74	1.07
	生物炭	89.47	−0.2
	硅钙调理剂	89.89	0.22
	海泡石＋生物炭	88.82	−0.85
	硅钙调理剂＋海泡石	88.66	−1.01
	硅钙调理剂＋生物炭	89.41	−0.26
	对照	89.67	—
水田试验区	石灰	88.10	−1.57
	海泡石	89.27	−0.4
	生物炭	86.84	−2.83
	硅钙调理剂	89.40	−0.27
	海泡石＋生物炭	87.10	−2.57
	硅钙调理剂＋海泡石	87.52	−2.15
	硅钙调理剂＋生物炭	88.82	−0.85

从表 3-4 结果可以看出，旱地试验区耕地质量综合指数为 89.67%。海泡石处理和硅钙调理剂处理改善了耕地质量，分别增长 1.07 和 0.22 个单位。石灰、生物炭、海泡石＋生物炭、硅钙调理剂＋海泡石、硅钙调理剂＋生物炭处理降低了耕地质量综合指数，下降了 0.2～1.34 个单位。水田试验区结果显示，耕地质量综合指数为 89.67%。各种调理剂均降低了耕地质量综合指数，下降了 0.27～2.83 个单位。

综上所述，试验选择的珠三角城郊典型蔬菜地，耕地质量较好，属于二等地。为修复污染土壤，保障农产品安全生产，在土壤中施加土壤调理剂，除海泡石外，各处理均降低了耕地质量。各类调理剂处理均能提高土壤 pH，减少植株对土壤中重金属的吸收，解决土壤酸化障碍，保障农产品安全生产。但石灰和生物炭调理剂通过降低土壤有机质、有效磷和速效钾含量，致使耕地质量下降。施加硅钙调理剂会导致土壤有机质下降，但提高了土壤有效磷和速效钾含量，耕地质量略有下降。海泡石可促进土壤有机质分解，增强土壤中钾的有效性，耕地质量略有提升。综合考虑，在珠三角城郊典型蔬菜地，土壤调理剂的施用对耕地质量的影响以负面效果居多，应加强土壤调理剂的监管，严格控制土壤调理剂的过量施用而造成耕地质量的下降。

二、土壤调理剂对耕地质量安全性评价指标筛选研究

供试土壤：试验采集粤北地区工矿污染造成的中度污染农田酸性土壤深度为 0～20cm 的土样进行条件培养试验。该土壤呈酸性，土壤 pH 为 5.24；碱解氮、速效磷、速效钾、有机质和全氮含量分别为 101.50 mg/kg、54.8 mg/kg、181.20 mg/kg、28.34 g/kg 和 1.38 g/kg；土壤总 Cd、Pb 含量分别为 1.48 mg/kg 和 103.2 mg/kg。根据《土壤环境质量农用地土壤污染风险管控标准（试行）》（GB15618—2018），试验区土壤超过风险筛选

值低于风险管制值，土壤障碍因子为土壤酸化及重金属 Cd、Pb 污染。试验区土壤基本性质情况如表 3-5 所示。

表 3-5　试验土壤基本性质概况

经纬度：N 24°39′10.66″　E 113°35′20.436″

项目	数值
土壤 pH	5.24±0.03
碱解氮 (mg/kg)	101.5±2.31
有效磷 (mg/kg)	54.8±3.67
速效钾 (mg/kg)	181.2±9.62
有机质 (g/kg)	28.34±6.44
全氮 (g/kg)	1.38±0.24
土壤总 Cd (mg/kg)	1.48±0.07
土壤总 Pb (mg/kg)	103.2±10.42
土壤总 As (mg/kg)	16.33±1.21
土壤总 Hg (mg/kg)	N. D
土壤总 Cr (mg/kg)	40.12±3.55

供试土壤调理剂：基于土壤调理剂的使用现状和肥料登记情况，综合考虑各类土壤调理剂对耕地质量的安全风险，选择 5 种典型的高风险土壤调理剂，4 种中等风险调理剂，2 种低风险土壤调理剂作为研究对象，如表 3-6 所示。

表 3-6　试验调理剂材料基本信息

编号	企业名称	产品形态	原材料	应用范围	登记证号
1	西部环保有限公司	粉剂	燃煤烟气脱硫石膏	酸性土壤	农肥（2018）准字 10391 号
2	广东万山土壤修复技术有限公司	粉剂	钼尾矿、白云石	酸性土壤	农肥（2016）准字 5339 号
3	成都华宏生物科技有限公司	水剂	禽类羽毛	保护地障碍土壤	农肥（2015）准字 4539 号
4	天脊煤化工集团股份有限公司	粉剂	硝酸磷肥副产品	酸性土壤	农肥（2017）准字 6164 号
5	广东维特农业科技有限公司	粉剂	牡蛎壳、石灰石、甜叶菊渣	酸性土壤	农肥（2018）准字 9965 号
6	河南省火车头农业技术有限公司	粉剂	脂肪酸甲酯磺酸钠、聚氧乙烯失水聚醇硬脂酸酯	结构性障碍土壤	农肥（2018）准字 12274 号
7	山东地宝土壤修复科技有限公司	粉剂	牡蛎壳	酸性土壤	农肥（2018）准字 9555 号
8	南京宁粮生物工程有限公司	粉剂	白云石、钾长石、石灰石	酸性土壤	农肥（2018）准字 9667 号
9	陕西赛众生物科技有限公司	粉剂	麦饭石	酸性土壤、盐碱土壤	农肥（2015）准字 4566 号

土壤调理剂经测试分析后，利用禽类羽毛生产的有机源土壤调理剂，pH 为 3.25 ±0.03，呈酸性；利用脂肪酸甲酯磺酸钠、聚氧乙烯失水聚醇硬脂酸酯生产的化学源土壤调理剂，pH 为 2.68±0.03，呈酸性；其他 7 种矿物源土壤调理剂均呈碱性；9 种土壤调理剂重金属含量均低于《肥料中有毒有害物质的限量要求》（GB 38400—2019）中的限量要求，结果如表 3-7 所示。

表 3-7　试验所用土壤调理剂基本情况

项目	1	2	3	4	5	6	7	8	9
pH	13.53	11.55	3.25	7.74	12.8	2.68	6.64	11.16	8.72
总 Cd (mg/kg)	0.09	0.11	N.D	N.D.	0.23	1.05	N.D.	N.D.	N.D.
总 Pb (mg/kg)	4.18	15.84	N.D	1.44	17.83	126.93	15.83	15.46	20.32
总 As (mg/kg)	N.D.	N.D.	N.D.	N.D.	N.D.	N.D.	N.D.	N.D.	N.D.
总 Hg (mg/kg)	N.D.	N.D.	N.D.	N.D.	N.D.	N.D.	N.D.	N.D.	N.D.
总 Cr (mg/kg)	N.D.	3.67	N.D	N.D.	7.52	2.26	4.23	1.98	2.25

（一）土壤调理剂对土壤障碍因素的修复效果

1. 土壤酸化改良　不同处理对土壤 pH 的影响如图 3-11 所示，对照组土壤 pH 为 5.34～5.70 之间，呈酸性。经过处理后，利用脂肪酸甲酯磺酸钠和聚氧乙烯失水聚醇硬脂酸酯生产的化学源土壤调理剂显著降低了土壤 pH 0.08～0.5 个单位（p<0.05）。其他土壤调理剂均能显著提高土壤 pH，其中利用燃煤烟气脱硫石膏生产的矿物源调理剂和利用钾长石、白云石生产的矿物源调理剂效果最为显著，分别提升 0.28～2.14、0.98～1.29 个单位。pH 的分析结果与表 3-7 中土壤调理剂 pH 的结果一致。分析不同处理时间的 pH 结果可发现，第 5 天结果的变异程度明显比第 20 天的变异程度更大，因此土壤 pH 总体呈现随着土壤调理剂添加后的时间增加，pH 逐渐趋于稳定，土壤酸化改良的效果减弱。

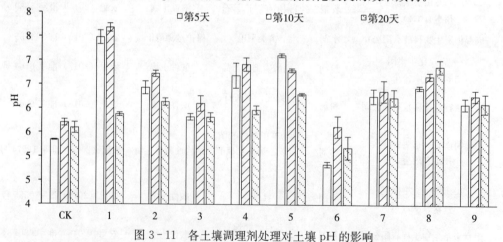

图 3-11　各土壤调理剂处理对土壤 pH 的影响

注：CK. 空白对照；1. 矿物源（烟气脱硫石膏）；2. 矿物源（钼尾矿、白云石）；3. 有机源（禽类羽毛）；4. 矿物源（硝酸磷肥副产品）；5. 矿物源（牡蛎壳、甜叶菊渣）；6. 化学源（脂肪酸甲酯磺酸钠、聚氧乙烯失水聚醇硬脂酸酯）；7. 矿物源（牡蛎壳）；8. 矿物源（钾长石、石灰石）；9. 矿物源（麦饭石）。

2. 土壤重金属 Cd、Pb 污染修复　不同土壤调理剂处理对土壤 DTPA 浸提态 Cd 含量的影响如图 3-12 所示，对照组土壤有效态 Cd 含量为 1.02～1.05 mg/kg 之间，对比全量 Cd 有效性为 77.04%。经过土壤调理剂处理后，利用禽类羽毛生产的有机源土壤调理剂显著提高了土壤有效态 Cd 含量 0.17～0.29 mg/kg（p<0.05）；利用脂肪酸甲酯磺酸钠、聚氧乙烯失水聚醇硬脂酸酯生产的化学源土壤调理剂和利用麦饭石生产的矿物源土壤调理剂对土壤有效态 Cd 含量影响不大；利用燃煤烟气脱硫石膏生产的矿物源土壤调理剂在第 5 和第 10 天能显著降低土壤有效态 Cd 含量 0.38～0.41 mg/kg，但效果不长久，第 20 天 Cd 的有效性没有达到显著水平（p<0.05）；利用钼尾矿、白云石和利用硝酸磷肥副产品以及牡蛎壳和钾长石、石灰石生产的矿物源土壤调理剂均能显著降低土壤有效态 Cd 含量（p<0.05）。分析不同处理时间的有效态 Cd 含量结果可发现，第 5 天结果的变异程度明显比第 20 天的变异程度更大，因此土壤 Cd 的有效性总体呈现随着土壤调理剂添加后的时间增加，重金属 Cd 的修复效果逐渐减弱。

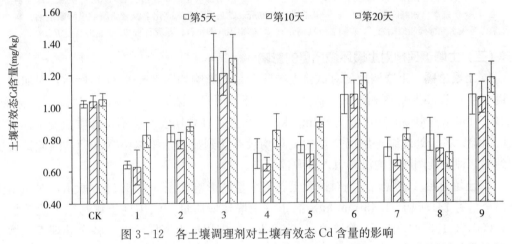

图 3-12　各土壤调理剂对土壤有效态 Cd 含量的影响

注：CK. 空白对照；1. 矿物源（烟气脱硫石膏）；2. 矿物源（钼尾矿、白云石）；3. 有机源（禽类羽毛）；4. 矿物源（硝酸磷肥副产品）；5. 矿物源（牡蛎壳、甜叶菊渣）；6. 化学源（脂肪酸甲酯磺酸钠、聚氧乙烯失水聚醇硬脂酸酯）；7. 矿物源（牡蛎壳）；8. 矿物源（钾长石、石灰石）；9. 矿物源（麦饭石）。

不同土壤调理剂处理对土壤 DTPA 浸提态 Pb 含量的影响如图 3-13 所示，对照组土壤有效态 Pb 含量为 60.8～62.1 mg/kg 之间，对比全量 Pb 有效性为 46.82%。经过土壤调理剂处理后，利用燃煤烟气脱硫石膏和钼尾矿、白云石和利用硝酸磷肥副产品以及牡蛎壳和钾长石、石灰石生产的矿物源土壤调理剂均能显著降低土壤有效态 Pb 含量（p<0.05），其中以燃煤烟气脱硫石膏生产的矿物源土壤调理剂效果最好，显著降低有效态 Pb 含量 14.39～19.49 mg/kg（p<0.05）；利用禽类羽毛生产的有机源土壤调理剂和利用脂肪酸甲酯磺酸钠、聚氧乙烯失水聚醇硬脂酸酯生产的化学源土壤调理剂以及利用麦饭石生产的矿物源土壤调理剂对土壤有效态 Pb 含量影响不大。分析不同处理时间的有效态 Pb 含量结果可发现，第 5 天结果的变异程度明显比第 20 天的变异程度更大，因此土壤 Pb 的有效性总体呈现随着土壤调理剂添加后的时间增加，重金属 Pb 的修复效果逐渐减弱。

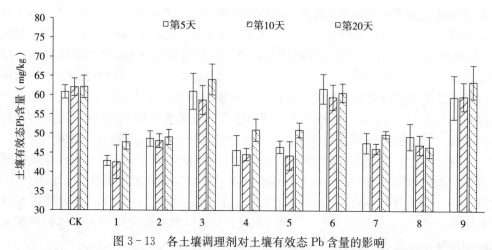

图 3－13　各土壤调理剂对土壤有效态 Pb 含量的影响

注：CK. 空白对照；1. 矿物源（烟气脱硫石膏）；2. 矿物源（钼尾矿、白云石）；3. 有机源（禽类羽毛）；4. 矿物源（硝酸磷肥副产品）；5. 矿物源（牡蛎壳、甜叶菊渣）；6. 化学源（脂肪酸甲酯磺酸钠、聚氧乙烯失水聚醇硬脂酸酯）；7. 矿物源（牡蛎壳）；8. 矿物源（钾长石、石灰石）；9. 矿物源（麦饭石）。

（二）土壤调理剂对土壤环境质量的影响

1. 土壤总镉　土壤调理剂对试验土壤镉全量的影响如图 3－14（a）所示，对照组土壤镉全量为 1.35 ± 0.08 mg/kg，高于《土壤环境质量　农用地土壤污染风险管控标准》（GB/T 15618）中镉的筛选值（0.3mg/kg），可能存在食用农产品不符合质量安全标准等土壤风险。各个处理组土壤镉全量的变化均没有达到显著水平（$p < 0.05$），因此试验所用到的 9 种土壤调理剂均没有引入外源镉污染。

2. 土壤总铅　土壤调理剂对试验土壤铅全量的影响如图 3－14（b）所示，对照组土壤铅全量为 131.64 ± 11.45 mg/kg，高于《土壤环境质量　农用地土壤污染风险管控标准》（GB/T 15618）中铅的筛选值（80mg/kg），农用地土壤风险低。各个处理组土壤铅全量的变化均没有达到显著水平（$p < 0.05$），因此试验所用到的 9 种土壤调理剂均没有引入外源铅污染。

3. 土壤总铬　土壤调理剂对试验土壤铬全量的影响如图 3－14（d）所示，对照组土壤铬全量为 40.36 ± 2.57 mg/kg，低于《土壤环境质量　农用地土壤污染风险管控标准》（GB/T 15618）中铬的筛选值（250 mg/kg），农用地土壤风险低。各个处理组土壤铬全量的变化均没有达到显著水平（$p < 0.05$），因此试验所用到的 9 种土壤调理剂均没有引入外源铬污染。

4. 土壤总砷　土壤调理剂对试验土壤砷全量的影响如图 3－14（c）所示，对照组土壤砷全量为 19.60 ± 0.68 mg/kg，低于《土壤环境质量　农用地土壤污染风险管控标准》（GB/T 15618）中砷的筛选值（30 mg/kg），农用地土壤风险低。各个处理组土壤砷全量的变化均没有达到显著水平（$p < 0.05$），因此试验所用到的 9 种土壤调理剂均没有引入外源砷污染。

5. 土壤总汞　试验区土壤中汞含量未检出。

综上所述，针对《土壤环境质量　农用地土壤污染风险管控标准》（GB/T 15618）所规定的镉、汞、砷、铅、铬、铜、镍、锌8种元素的检测分析，试验后土壤八大重金属全量的变化没有达到显著水平（p＜0.05），其中，镉、铅超过筛选值，其他6种重金属均在筛选值以内，说明试验所用到的9种土壤调理剂并未显著影响土壤环境质量，试验土壤为镉、铅污染农田土壤。

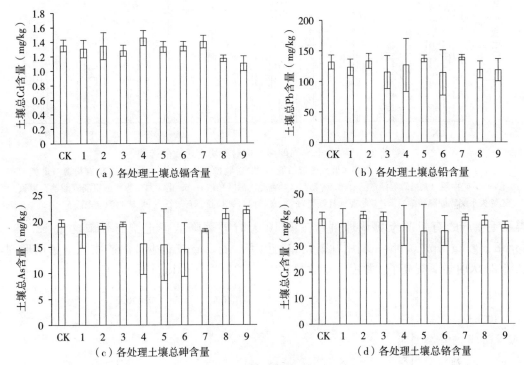

图3-14　各处理土壤重金属含量

（a）各处理土壤总镉含量　　　　（b）各处理土壤总铅含量
（c）各处理土壤总砷含量　　　　（d）各处理土壤总铬含量

注：CK.空白对照；1.矿物源（烟气脱硫石膏）；2.矿物源（钼尾矿、白云石）；3.有机源（禽类羽毛）；4.矿物源（硝酸磷肥副产品）；5.矿物源（牡蛎壳、甜叶菊渣）；6.化学源（脂肪酸甲酯磺酸钠、聚氧乙烯失水聚醇硬脂酸酯）；7.矿物源（牡蛎壳）；8.矿物源（钾长石、石灰石）；9.矿物源（麦饭石）。

（三）土壤调理剂对土壤肥力质量的影响

1. 土壤有机质　不同土壤调理剂对土壤有机质的影响如图3-15所示，对照组土壤有机质含量为26.1～30.5 g/kg之间。经过土壤调理剂处理后，第5天时，各土壤调理剂处理对土壤有机质含量的影响不显著（p＞0.05）；利用牡蛎壳、甜叶菊渣和利用钾长石、石灰石以及利用麦饭石生产的矿物源土壤调理剂，在第10天时显著降低了土壤有机质含量7.08～9.88 g/kg（p＜0.05）；利用脂肪酸甲酯磺酸钠和聚氧乙烯失水聚醇硬脂酸酯生产的化学源土壤调理剂，在第10天时显著降低了土壤有机质含量5.84 g/kg（p＜0.05）；土壤调理剂在第20天时对土壤有机质含量的影响不显著（p＞0.05），但普遍都降低了有机质含量。

2. 土壤有效磷　不同土壤调理剂对土壤有效磷的影响如图3-16所示，对照组土壤有效磷含量为53.9～61.0 mg/kg之间。经过土壤调理剂处理后，利用钼尾矿、白云石生产的矿物源土壤调理剂在第5天和第10天时显著提高了土壤有效磷含量22.69～30.26 mg/kg（p＜0.05）；利用牡蛎壳、甜叶菊渣生产的矿物源土壤调理剂以及利用禽

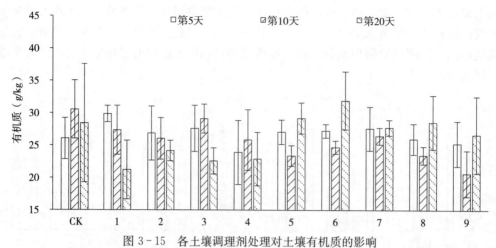

图 3-15　各土壤调理剂处理对土壤有机质的影响

注：CK. 空白对照；1. 矿物源（烟气脱硫石膏）；2. 矿物源（钼尾矿、白云石）；3. 有机源（禽类羽毛）；4. 矿物源（硝酸磷肥副产品）；5. 矿物源（牡蛎壳、甜叶菊渣）；6. 化学源（脂肪酸甲酯磺酸钠、聚氧乙烯失水聚醇硬脂酸酯）；7. 矿物源（牡蛎壳）；8. 矿物源（钾长石、石灰石）；9. 矿物源（麦饭石）。

类羽毛生产的有机源土壤调理剂，在第 10 天时显著降低了土壤有效磷含量 12.78～13.38 mg/kg（$p < 0.05$）；利用牡蛎壳和利用钾长石、石灰石生产的矿物源土壤调理剂，在第 20 天时显著提高了土壤有效磷含量 12.15～31.17 mg/kg（$p < 0.05$）。

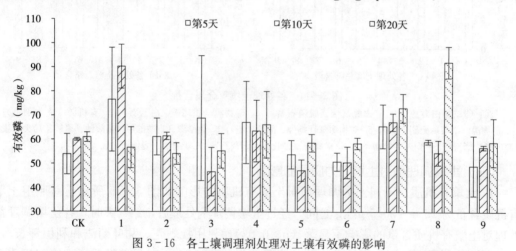

图 3-16　各土壤调理剂处理对土壤有效磷的影响

注：CK. 空白对照；1. 矿物源（烟气脱硫石膏）；2. 矿物源（钼尾矿、白云石）；3. 有机源（禽类羽毛）；4. 矿物源（硝酸磷肥副产品）；5. 矿物源（牡蛎壳、甜叶菊渣）；6. 化学源（脂肪酸甲酯磺酸钠、聚氧乙烯失水聚醇硬脂酸酯）；7. 矿物源（牡蛎壳）；8. 矿物源（钾长石、石灰石）；9. 矿物源（麦饭石）。

3. 土壤速效钾　不同土壤调理剂对土壤速效钾的影响如图 3-17 所示，对照组土壤速效钾含量为 162.1～170.0 mg/kg 之间。经过土壤调理剂处理后，利用禽类羽毛生产的有机源土壤调理剂和利用脂肪酸甲酯磺酸钠和聚氧乙烯失水聚醇硬脂酸酯生产的化学源以及利用麦饭石上产的矿物源土壤调理剂，在 3 个时间段内均显著提高了土壤速效钾含量 15.22～81.59 mg/kg（$p < 0.05$），其中以利用麦饭石生产的矿物源调理剂提升效果最佳；其他土壤调理剂处理的土壤速效钾含量均没有显著差异。

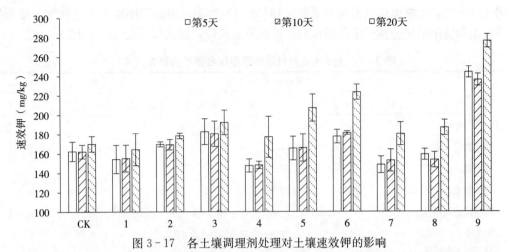

图 3-17　各土壤调理剂处理对土壤速效钾的影响

注：CK. 空白对照；1. 矿物源（烟气脱硫石膏）；2. 矿物源（钼尾矿、白云石）；3. 有机源（禽类羽毛）；4. 矿物源（硝酸磷肥副产品）；5. 矿物源（牡蛎壳、甜叶菊渣）；6. 化学源（脂肪酸甲酯磺酸钠、聚氧乙烯失水聚醇硬脂酸酯）；7. 矿物源（牡蛎壳）；8. 矿物源（钾长石、石灰石）；9. 矿物源（麦饭石）。

4. 土壤 pH　不同处理对土壤 pH 的影响如图 3-18 所示，对照组土壤 pH 为 5.34～5.70 之间，呈酸性。经过处理后，利用脂肪酸甲酯磺酸钠和聚氧乙烯失水聚醇硬脂酸酯生产的化学源土壤调理剂显著降低了土壤 pH 0.08～0.5 个单位（$p < 0.05$）。其他土壤调理剂均能显著提高土壤 pH，其中利用燃煤烟气脱硫石膏生产的矿物源调理剂和利用钾长石、白云石生产的矿物源调理剂效果最为显著，分别提升 0.28～2.14、0.98～1.29 个单位。pH 的分析结果与表 3-7 中土壤调理剂 pH 的结果一致。

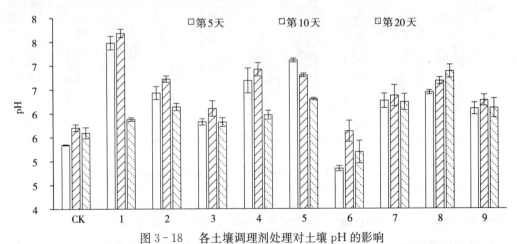

图 3-18　各土壤调理剂处理对土壤 pH 的影响

注：CK. 空白对照；1. 矿物源（烟气脱硫石膏）；2. 矿物源（钼尾矿、白云石）；3. 有机源（禽类羽毛）；4. 矿物源（硝酸磷肥副产品）；5. 矿物源（牡蛎壳、甜叶菊渣）；6. 化学源（脂肪酸甲酯磺酸钠、聚氧乙烯失水聚醇硬脂酸酯）；7. 矿物源（牡蛎壳）；8. 矿物源（钾长石、石灰石）；9. 矿物源（麦饭石）。

（四）土壤调理剂对耕地质量安全性评价

1. 耕地质量综合指数计算　按照《耕地质量等级》（GB/T 33469—2016）中的技术流程计算耕地质量综合指数。试验选择粤北地区工矿污染造成的中度污染农田酸性土壤，耕地质量属于三等地，土壤障碍因素为土壤酸化和 Cd、Pb 污染。根据华南地区土壤特性，按照层次分析法和特尔斐法分别确定各指标的权重以及隶属度，结果详见表 3-8、图 3-19。

表 3-8　土壤调理剂对耕地质量综合指数的影响（%）

处理	耕地质量综合指数			差值（对照）		
	第 5 天	第 10 天	第 20 天	第 5 天	第 10 天	第 20 天
CK. 空白对照	76.3±0.86	77.2±0.56	76.7±1.08	—	—	—
1. 烟气脱硫石膏	77.4±0.39	76.7±0.54	75.9±1.27	1.13	−0.51	−0.82
2. 钼尾矿、白云石	77.8±0.81	77.9±0.5	77.3±0.15	1.50	0.69	0.58
3. 禽类羽毛	77.5±0.47	78.2±0.43	77±0.35	1.22	1.02	0.27
4. 硝酸磷肥副产品	77±0.39	77.3±0.75	76.7±0.75	0.68	0.05	−0.03
5. 牡蛎壳、甜叶菊渣	77.8±0.61	77.8±0.31	78.9±0.47	1.56	0.58	2.12
6. 脂肪酸甲酯磺酸钠、聚氧乙烯失水聚醇硬脂酸酯	76.1±0.47	77±0.38	77.7±0.3	−0.18	−0.24	0.98
7. 牡蛎壳	77.2±0.67	77.2±0.18	77.9±0.46	0.90	−0.02	1.15
8. 钾长石、石灰石	77.4±0.36	77.3±0.36	78.5±0.83	1.14	0.03	1.76
9. 麦饭石	78.2±0.58	77.3±1.01	78.2±1.02	1.92	0.11	1.48

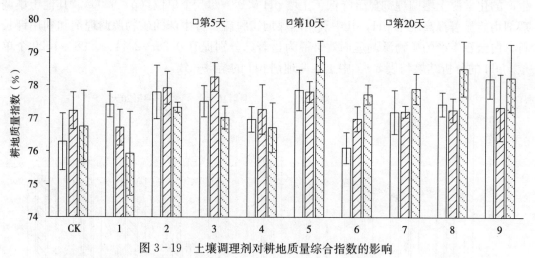

图 3-19　土壤调理剂对耕地质量综合指数的影响

注：CK. 空白对照；1. 矿物源（烟气脱硫石膏）；2. 矿物源（钼尾矿、白云石）；3. 有机源（禽类羽毛）；4. 矿物源（硝酸磷肥副产品）；5. 矿物源（牡蛎壳、甜叶菊渣）；6. 化学源（脂肪酸甲酯磺酸钠、聚氧乙烯失水聚醇硬脂酸酯）；7. 矿物源（牡蛎壳）；8. 矿物源（钾长石、石灰石）；9. 矿物源（麦饭石）。

2. 耕地质量评价　从结果可以看出，对照处理耕地质量综合指数为 76.3%～77.2%。经过土壤调理剂处理后，除了利用硝酸磷肥副产品生产的矿物源土壤调理剂和利用脂肪酸甲酯磺酸钠和聚氧乙烯失水聚醇硬脂酸酯生产的化学源土壤调理剂，其他 7 种土壤调理剂在第 5 天时均显著提高了耕地质量 0.90%～1.92%（p<0.05），其中以利用麦饭石生产的矿物源调理剂提升效果最佳；到第 10 天时，利用禽类羽毛生产的有机源土壤调理剂显著提高了耕地质量 1.02%（p<0.05）；到第 20 天时，利用牡蛎壳、甜叶菊渣和利用钾长

石、石灰石以及利用麦饭石生产的矿物源土壤调理剂显著提高了耕地质量 1.48% ~ 2.12% （p<0.05），其中以牡蛎壳、甜叶菊渣生产的矿物源土壤调理剂效果最佳。

3. 有效性评价　为改良土壤酸化以及修复污染土壤，保障农产品安全生产，在土壤中施加土壤调理剂，除了化学源土壤调理剂 pH 较低以外，其他各处理均能提高土壤 pH；除了利用禽类羽毛生产的有机源土壤调理剂和利用麦饭石生产的矿物源调理剂以外，其他 7 种土壤调理剂均能减少土壤中有效态 Cd 含量，降低重金属 Cd 的生物可利用性，保障农产品安全生产；利用燃煤烟气脱硫石膏和利用钼尾矿、白云石和利用硝酸磷肥副产品以及牡蛎壳和钾长石、石灰石生产的矿物源土壤调理剂均能降低土壤有效态 Pb 含量，降低重金属 Pb 的生物可利用性，保障农产品安全生产；重金属的有效性总体呈现随着土壤调理剂添加后的时间增加，重金属的修复效果逐渐减弱。

4. 土壤环境质量评价　针对《土壤环境质量　农用地土壤污染风险管控标准》（GB/T 15618）所规定的镉、汞、砷、铅、铬、铜、镍、锌 8 种元素的检测分析，试验后土壤八大重金属全量的变化没有达到显著水平（p<0.05），其中，镉、铅超过筛选值，其他 6 种重金属均在筛选值以内，说明试验所用到的 9 种土壤调理剂并未显著影响土壤环境质量。

5. 耕地质量安全性评价　土壤调理剂主要是通过土壤 pH、有机质、有效磷、速效钾 4 个指标影响耕地质量。除了化学源土壤调理剂以外，其他 8 种土壤调理剂均提高了土壤 pH，通过改良土壤酸化问题，达到了提升耕地质量的目的。但同时，加速了土壤中有机质的矿化，影响了有机质在土壤中的保存，一定程度降低了耕地质量；在土壤有效磷方面，土壤调理剂增加了磷元素的迁移性，增加了广东地区磷流失的风险，一定程度降低了耕地质量；在土壤速效钾方面，土壤调理剂增加了磷元素的迁移性，补充了广东地区钾元素，一定程度提高了耕地质量。

第四章　除 草 剂

第一节　除草剂种类及应用现状

一、除草剂分类与功能

除草剂（Herbicide）又称除莠剂，是指能杀死或抑制杂草而不影响农作物正常生长的化学或生物药剂，具有高效、方便、适合大面积使用等优点，被广泛用于防治农田、果园、花卉苗圃、草原等地杂草、杂灌、杂树等有害植物。除草剂的使用，不仅保证了农业高产、稳产，提高劳动生产率和改善劳动条件，而且促进了栽培技术的革新，如免耕法和地膜栽培法等的发展。

（一）除草剂分类

除草剂根据剂型、作用方式、传导性、有效成分的化学结构类型、施药对象和作用机制等可分为以下 6 类：

（1）剂型　固体制剂（包括水溶性粉剂、可湿性粉剂、颗粒剂、粉剂、干悬浮剂、片剂）和液体制剂（包括水剂、乳油、油剂、水乳剂、悬浮剂）。乳油是一种均匀油状的液体剂型，由除草剂原药、有机溶剂和乳化剂混合而成，用水稀释后成乳状液喷洒。这种剂型常用于茎、叶处理，如敌稗、丁草胺等。油剂是由除草剂原药加适当有机溶剂（油剂）制成，使用时不用兑水，适于超低量喷雾。水乳剂是亲油性有效成分以浓厚的微滴分散在水中呈乳液状的一种剂型。该剂型的流动性好，不易分层，因不含有机溶剂或仅含少量的有机溶剂，因而不易燃，对人、畜低毒，对环境影响小，如 6.9% 骠马。水溶性粉剂是能直接溶于水中的固态除草剂，用水稀释后喷雾，经济方便，使用时要用软水（河水），如用硬水时应预先在水中加入碳酸钠或碳酸氢钠软化。如 2，4-滴钠盐、五氯酚钠、二甲四氯钠盐等，也可拌土撒施。干悬浮剂和可湿性粉剂相比，在水中的分散度高，有效成分微粒小，因此在相同有效含量下干悬浮剂的活性高于可湿性粉剂，如 75% 巨星（麦灵顿）。

（2）作用方式　一类是灭生性除草剂，即非选择性除草剂。这种除草剂对植物缺乏选择性或选择性小，它们能灭除一切绿色植物，既不区分作物和杂草，也不区分杂草所属种类，如草甘膦、百草枯、五氯酚钠、克芜踪等。另一类是选择性除草剂。选择性除草剂指在一定环境条件与用量范围内，能够有效地防治杂草，而不伤害作物且只杀死某一种或某一类杂草的除草剂。例如二甲四氯只能杀死鸭舌草、水苋菜、异型莎草、水莎草等杂草，而对稗草、双穗雀稗等禾本科杂草无效，对水稻安全，适于稻田、麦田、玉米田内使用，但对棉花、大豆、蔬菜等阔叶作物则有严重药害。

灭生性除草剂只要使用得法，利用"位差"和"时差"，也可作选择性除草剂使用。

同样，选择性除草剂如使用不当，也会对单子叶植物产生药害。

（3）传导性能 一类是内吸型除草剂。这类除草剂能被杂草根茎、叶分别或同时吸收，通过输导组织运输到植物体的各部位，破坏内部结构和生理平衡，从而造成植株死亡。如 2 甲 4 氯、草甘膦可被植物的茎、叶吸收，然后运转到植物体内各个部位，包括地下根茎，所以草甘膦能防除一年生杂草，还能有效防除多年生杂草；另一类是触杀型除草剂。触杀型除草剂与植物接触时，只杀死接触到药剂部分的植物组织，在植物体内不能传导。即这类除草剂只能杀死杂草的地上部分，对杂草地下部分或有地下繁殖器官的多年生杂草效果较差，如除草醚、五氯酚钠等。第三类是内吸传导、触杀综合型除草剂，具有内吸传导、触杀型双重功能，如杀草胺等。

（4）有效成分的化学结构类型 分为无机除草剂和有机除草剂。无机除草剂由天然矿物原料组成，绝大部分为灭生性除草剂，主要作用特点是植物接触吸收除草剂后失水，叶绿素减少，功能失调而导致死亡。如氯酸钠、恶砷酸黄、石灰氮、硫酸铜等，其选择性差、杀草谱窄、用量大、成本高，目前已很少应用。有机除草剂为目前主要使用的除草剂。按化学结构可分为苯氧羧酸类、苯甲酸类、酰胺类、甲苯胺类、取代脲类、氨基甲酸酯类、硫代氨基甲酸酯类、酚类、二苯醚类、三氯苯类、腈类、有机磷类、有机砷类、有机锡类、磺酰脲类、咪唑啉酮类、哒嗪酮类、嘧啶类、吡啶类、咪唑类 20 余类。

（5）施药对象和时间 根据施药对象分为土壤处理剂和茎叶处理剂。根据施药时间分为播前处理剂、播后苗前处理剂和苗后处理剂。其中土壤处理剂也属于播前处理剂、播后苗前处理剂，而茎叶处理剂属于苗后处理剂。

土壤处理剂也称苗前封闭剂。采取表土或混土处理，在 0～5 cm 表层土壤建立起一个除草剂封闭层，以杀死萌发的杂草，如甲草胺和乙草胺等除草剂。除草剂的土壤处理除了利用生理生化选择性来消灭杂草之外，在很多情况下是利用时差或位差来选择性灭草。这类药剂是通过杂草的根、芽鞘或胚轴等部位进入植株体内发生毒杀作用。一般是在播种前或播种后出苗前施药，也可在果树、桑树、橡胶树等林下施药，如氟床灵、除草醚、西马津、阿畏达等。

茎叶处理剂又称苗后处理剂，是把除草剂稀释在一定量的水或其他惰性填料中，对杂草幼苗进行喷洒处理，利用杂草茎叶吸收和传导来消灭杂草。茎叶处理主要是利用除草剂的生理生化选择性来达到灭草保苗的目的。

这种分类中所讲的苗前苗后的"苗"严格地讲是"杂草苗"，而不是"作物苗"。"作物苗前"施用的不一定全是土壤处理剂，比如玉米田播后苗前为了杀死已经出苗的大草，可以喷施百草枯，这是茎叶处理而不是土壤处理；同样，"作物苗后"施用的也不一定全是茎叶处理剂，比如在玉米苗后早期施用莠去津，此时的莠去津仍多为杂草根部吸收，所以仍应归为土壤处理剂。

（6）作用机制 除草剂抗性委员会（HRAC）公布的除草剂作用机理分类方法以除草剂作用机理为基础，根据除草剂的作用位点，结合化学结构类型和引起的症状表现等对除草剂进行分类。将具有相同作用位点或作用机理的除草剂归为一组，用大写英文字母表示，包括 A 类乙酰辅酶 A 羧化酶（ACCase）抑制剂、B 类乙酰乳酸合成酶（ALS）抑制剂、C 类光合作用抑制剂、D 类光合系统 Ⅰ 抑制剂、E 类原卟啉原氧化酶（PPO）抑制剂、F 类色素合成抑制剂、G 类 5-烯醇式丙酮酸莽草酸-3-磷酸合成酶（EPSPS）抑制剂、H 类谷氨酰胺合成酶抑制剂、I 类 DHP 合成酶抑制剂、K 类生长抑制剂、L 类细胞壁（纤维素）合成抑制剂、M 解偶联剂（细胞膜破坏剂）、N 脂肪合成抑制剂—非 ACC 酶抑制剂、O 合成激素类、P 抑制生长素运输类、Z 类未知类，共分成 16 类，其中同属 C 类的光合作用抑制剂，根据不同除草剂对结合蛋白 D_1 不同的结合方式又分成 3 个亚类，用 C_1、C_2、C_3 表示；同属 F 类的色素合成抑制剂，根据造成失绿症状原因不同，也分成 F_1、F_2、F_3 3 个亚类；K 类的生长抑制剂又分成 K_1、K_2、K_3 3 个亚类。到目前为止将作用位点或作用机制不清楚的除草剂，在明确了它们的作用机制之前全都分到 Z 类当中。

（二）除草剂的作用机理

除草剂经过杂草的根、茎、叶或芽吸收后，作用于特定位点，干扰和破坏杂草的某些生理生化过程，抑制生长发育，最后造成杂草死亡。除草剂对杂草的影响分为初生作用和次生作用，初生作用是除草剂对杂草生理生化反应的最早影响，即在除草剂处理初期对靶标酶或蛋白质的直接作用。由于初生作用而导致的连锁反应进一步影响到杂草的其他生理生化代谢，成为次生作用。除草剂防除杂草的机理主要有抑制植物光合作用、破坏植物呼吸作用、抑制植物的生物合成、干扰激素平衡、抑制微管与组织发育等。

（1）抑制植物光合作用　光合作用是植物吸收光能将二氧化碳和水转化为有机物的过程，是植物生长所需的养分来源。除草剂通过抑制光合作用来切断养分来源致使杂草死亡。抑制光合作用的除草剂主要通过抑制光和电子传递链（三嗪类、取代脲类、尿嘧啶类除草剂），分流光和电子传递链的电子（联吡啶类除草剂），抑制光和磷酸化（腈类除草剂）等途径来抑制光合作用。

（2）破坏植物呼吸作用　呼吸作用能为植物体的生命活动提供能量。除草剂通过抑制呼吸作用过程中的电子传递和能量转移，与呼吸作用中某些复合物反应，使呼吸作用不能正常进行，造成杂草死亡，如五氯酚钠、地乐酚、二硝酚、敌稗、敌草腈、碘苯腈、溴苯腈等。

（3）抑制植物的生物合成

①抑制色素合成：二苯醚类、环亚胺类除草剂能够抑制叶绿色合成及破坏质膜；氟草敏、氟咯草酮、氟啶草酮、吡氟酰草胺等能够抑制类胡萝卜素的生物合成；三酮类、异噁唑类、吡唑类除草剂通过抑制质体醌生物合成而间接影响类胡萝卜素的生物合成，属于 HPPD 酶抑制剂。目前类胡萝卜素生物合成是目前极具开发潜力的除草剂作用靶标。

②抑制氨基酸的生物合成：氨基酸是植物体内蛋白质及其他含氮有机物合成的重要物质，氨基酸合成的受阻将导致蛋白质合成的停止。因此，对氨基酸合成的抑制，将严重影响杂草的生长、发育，造成杂草死亡。目前抑制氨基酸合成的除草剂包括有机磷类、磺酰脲类、磺酰胺类、咪唑啉酮类、嘧啶水杨酸类等。其中磺酰脲类、咪唑啉酮类、磺酰胺类、嘧啶水杨酸类除草剂的作用靶标酶为 ALS 或 AHAS，该类除草剂统称为 ALS 抑制剂，是目前开发最活跃的靶标之一。

③抑制脂类的合成：脂类包括脂肪酸、磷酸甘油酯与蜡质等，它们分别是组成细胞膜、细胞器膜与植物角质层的重要成分。除草剂抑制脂肪酸的合成也就抑制了脂类的合成，将最终造成细胞膜、细胞器膜或蜡质生成受阻。目前，芳氧苯氧基丙酸酯类、环己烯

酮类和硫代氨基甲酸酯类除草剂是抑制脂肪酸合成的重要除草剂。其中芳氧苯氧基丙酸酯类和己烯酮类除草剂作用靶标酶为乙酰辅酶 A 羧化酶，硫代氨基甲酸酯类除草剂是抑制长链脂肪酸合成的除草剂。

④干扰核酸代谢和蛋白质的合成：核酸与蛋白质是细胞核与各种细胞器的主要成分。该类除草剂使细胞不能正常分裂，植物的生长发育和代谢活动发生变异，生长停滞、畸形，最终死亡。如苯甲酸类、氨基甲酸酯类、酰胺类、二硝基酚类、二硝基苯胺类和卤代苯腈等。

（4）干扰植物激素平衡　激素型除草剂是人工合成的具有天然植物激素作用的物质，施用该类除草剂能够打破杂草原有激素的平衡，扰乱杂草的生长和发育，导致杂草扭曲、肿胀、发育畸形。同时，由于干扰了杂草的正常生理代谢过程，使之产生一系列代谢紊乱的症状，严重时杂草全株枯死。如苯氧羧酸类除草剂（2，4-滴和二甲四氯等）、苯甲酸类（草芽平、豆科威与麦草畏）。

（5）抑制微管与组织发育　除草剂抑制细胞分裂的连续过程，阻碍细胞壁或细胞板形成，造成细胞异常或者抑制细胞分裂前的准备阶段如 G1 和 G2 阶段。二硝基苯胺类除草剂是抑制微管的典型除草剂，该类除草剂与微管蛋白结合并抑制微管蛋白的聚合作用，造成纺锤体微管丧失，使细胞有丝分裂停留在前期或中期，产生异常的多形核。

二、除草剂应用现状

除草剂发现于 19 世纪，最早为无机化学除草剂，如亚砷酸盐类、氯酸钠等。有机化学除草剂始于 1932 年选择性除草剂二硝酚的发现，20 世纪 40 年代 2，4-滴除草活性的发现，使得有机除草剂工业迅速发展，并开始在全球广泛应用。除草剂自诞生以来为农业的发展带来了巨大效益，除草剂市场发展速度也是惊人的。1960 年除草剂占全球农药市场的 20%，1970 年占 35%，1980 年占 41%，1990 年占 44%。从 20 世纪 90 年代起，除草剂占全球农药市场的 46%～50%，其在全球农药中一直占有最大的市场份额。

（一）国外除草剂应用现状

2016 年全球整体农药数量 21 645 个，除草剂占比 44%。近年来，全球除草剂行业发展处在规模增加扩张阶段。2015 年全球除草剂以草甘膦占有份额最大，占除草剂市场的 1/3，其次为百草枯、硝磺草酮、2，4-滴、草铵膦、莠去津等、异丙甲草胺、乙草胺等（表 4-1）。不同类型除草剂按照化学结构以氨基酸类占有市场份额最大，磺酰脲类品种最多，为 31 个。按照作用机制以乙酰乳酸合成酶（ALS）抑制剂占绝对地位，共 50 个，占整个除草剂品种的 22.2%。

表 4-1　2015 年全球销售额前 15 位除草剂

序号	中文通用名称	英文通用名称	销售额（亿美元）	类别	上市时间（年）	开发公司
1	草甘膦	glyphosate	49.65	氨基酸类	1972	孟山都
2	百草枯	paraquat	6.95	联吡啶类	1962	先正达
3	硝磺草酮	mesotrione	6.10	HPPD 类	2001	先正达

（续）

序号	中文通用名	英文通用名称	销售额（亿美元）	类别	上市时间（年）	开发公司
4	2，4-滴	2，4-滴	6.05	苯氧羧酸类	1945	纽发姆、陶氏益农
5	草铵膦	glufosinate	5.70	氨基酸类	1986	拜耳
6	莠去津	atrazine	5.65	三嗪类	1957	先正达
7	异丙甲草胺	metolachlor	5.60	乙酰胺类	1975	先正达
8	乙草胺	acetochlor	4.30	乙酰胺类	1985	孟山都
9	唑啉草酯	pinoxaden	4.00	其他	2006	先正达
10	丙炔氟草胺	flumioxazin	3.70	PPO-其他类	1993	住友
11	二甲戊灵	pendimethalin	3.50	二硝基苯胺类	1976	巴斯夫
12	异噁草松	clomazone	3.10	其他	1986	富美实
13	烯草酮	clethodim	3.00	环己二酮类	1987	住友、爱利思达
14	氨氯吡啶酸	picloram	2.70	吡啶类	1963	陶氏益农
15	氯氟吡氧乙酸	fluroxypyr	2.40	吡啶类	1985	陶氏益农

国外除草剂用量最大的作物是谷物，其次为玉米、大豆、水果和蔬菜等。法国作为欧盟第一农业大国，每年除草剂使用量在 3 万 t 左右，其次是西班牙、德国，除草剂使用量在 1.5 万～2.0 万 t。美洲各国是世界上农药使用量比较大的国家，每年农药使用量仍处于增长状态。美国除草剂年用量在 20 万 t 左右，巴西 2013 年除草剂用量达 24 万 t，比 1990 年增长了 11 倍。加拿大作为世界上农业最发达、农业竞争力最强的国家之一，2006 年以前，除草剂每年使用量约为 3 万 t，2012 年增长到 5.8 万 t，比 2006 年增加 93%，占农药使用量的 80%。

为控制农药对农业生态环境的负面影响，各国政府相继制定管理措施，以降低农药的使用量。英国政府于 1990 年发布了关于农药使用政策的白皮书，追求使用最小化用量来有效防控农业有害生物，随之发布一系列管理措施，目的是实现长期可持续的农药减量使用。2005 年以前英国的除草剂用量年均 2.0 万～2.5 万 t，由于使用更高活性、更低用量的除草剂替代产品，除草剂用量大幅下降，2011—2013 年每年除草剂用量仅为 7 500 t 左右。美国通过降低农产品中农药残留限量标准，对农药品种开展再评价等手段来减少或限制农药使用带来的风险。自 1996—2006 年，美国环保署（EPA）通过提高安全标准，取消或限制了 270 种农药的使用。韩国和日本分别于 1996 年、1999 年实施农药管理政策重要转变，建立污染物排放与转移登记（PRTR）系统，严格控制农药使用对农业环境的负面影响。韩国的除草剂使用量由 6 380t（2001 年）下降到 4 479t（2013 年），下降了 30%。农药单位面积使用量由 20 世纪 70～90 年代的 13 kg/hm² 下降至 2013 年的 9.6 kg/hm²（指有效成分），但单位面积使用量仍处于较高水平。日本农药使用总量持续下降，但除草剂用量变化不大，每年使用量均在 1.1 万 t 左右。

（二）我国除草剂应用现状

我国除草剂产业发展迅速，自 1958 年开始生产 2，4-滴，20 世纪 60 年代合成敌稗、扑草净、除草醚、茅草枯等，至 70 年代初期生产西玛津、稗草烯、燕麦灵、敌草隆、草甘膦、灭草松等，70 年代末由国外引进甲草胺、丁草胺、禾草敌、噁草灵、氟乐灵等品种后，80 年代除草剂在我国进入兴旺发展时期，其中以磺酰脲类（氯磺隆、甲磺隆）、咪唑啉酮（咪唑乙烟酸）为代表的超高效除草剂品种开始应用，标志着化学除草进入了"超高效时代"。90 年代中期我国化学除草面积已达 4 000 万 hm^2，占我国播种面积的 1/4。近年来，我国除草剂的增长率远高于杀虫剂和杀菌剂，约占到农药产量比重的 1/3。2019 年我国农药使用量 26.3 万 t，其中除草剂 9.9 万 t，占比 37.6%。截至 2019 年 10 月，我国农药制剂登记数量达 36 584 个，其中除草剂登记产品数量 10 739 个，占比 29.35%（中国农药信息网）。

除草剂的用量与气候、环境、地理、经济、社会及技术等诸多因素相关，作为农业大国，由于农产品需求端的变化，对除草剂的需求也会产生影响。总体来说，我国除草剂市场需求量较大，各区域除草剂的需求量不同。据统计，2017—2019 年华东地区除草剂用量 9.84 万 t，占全国除草剂总量的 32.62%；华北地区除草剂用量 3.84 万 t，占比 12.78%；华中东地区除草剂用量 4.82 万 t，占比 15.77%；华南地区除草剂用量 3.37 万 t，占比 11.23%；东北地区除草剂用量 4.44 万 t，占比 14.81%；西部地区除草剂用量 3.74 万 t，占比 12.78%。其中以莠去津、扑草净、西草净制剂为主的三嗪类，以苄嘧磺隆、甲磺隆制剂为主的磺酰脲类和乙草胺、丁草胺等酰胺类除草剂是市场的主流品种。以莠去津为例，莠去津是目前国内玉米产区的第一大除草剂，我国从 20 世纪 80 年代初开始生产和使用莠去津，近年来使用面积不断扩大，1996 年、1998 年、1999 年和 2000 年使用量分别为 1 800 t、2 130 t、2 205 t 和 2 835.2 t，平均年增长量 20% 左右。2015 年莠去津使用量为 2000 年的 10 倍。2017 年单吉林省除草剂 38% 莠去津悬浮剂的使用总量约为 1.6 万 t，加上其他苗前和苗后莠去津复配制剂的使用，吉林省当年莠去津的用量折百约 8 000 t。

我国除草剂产品主要登记在水稻、玉米、小麦、大豆等粮食作物中，四者占除草剂登记总数的 60.7%，其次茶叶、棉花、甘蔗、非耕地等均有不同数量的除草剂登记产品。2017 年我国除草剂应用的主要作物分别为水稻、玉米、禾谷类（重点是小麦）、果蔬、棉花、油菜等。主要农作物除草剂使用情况如下：

（1）水稻除草剂 我国水稻种植面积仅次于印度，位列世界第二，水稻单产和总产均为世界第一，我国稻田草害发生面积约 1 500 hm^2，占水稻总种植面积的 45%，每年损失稻谷约 1 000 万 t。水稻不同栽培方式下杂草的种类发生特点有所不同，根据 2017 年 AMIS® AgriGlobe® 公布的数据统计，我国水稻田杂草防除面积前五位的除草剂为五氟磺草胺、氰氟草酯、丙草胺、苄嘧磺隆、丁草胺，而销售量前五位的除草剂为丁草胺、丙草胺、草甘膦（灭茬）、灭草松、五氟磺草胺（图 4-1）。

（2）玉米除草剂 我国玉米田使用面积较大的除草剂品种有酰胺类的乙草胺、甲草胺、丁草胺、异丙甲草胺、异丙草胺等，三氮苯类的莠去津、氰草津、西玛津、扑草津、赛克津等。目前玉米田除草剂几乎不单用，基本上以烟嘧磺隆、莠去津、硝磺草酮复配为

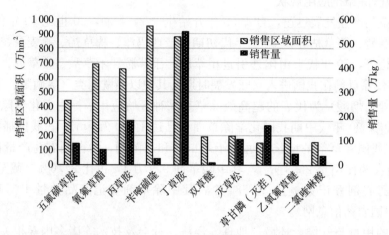

图 4-1　我国水稻田除草剂销售前十位有效成分

主。其中长残效除草剂莠去津用量过大，存在着巨大的安全隐患。我国玉米田杂草防除面积前五位的除草剂为烟嘧磺隆、莠去津、乙草胺、硝磺草酮、2，4-滴，而销售居前五位的除草剂为莠去津、乙草胺、2，4-滴、烟嘧磺隆、草甘膦（灭茬）（图 4-2）。

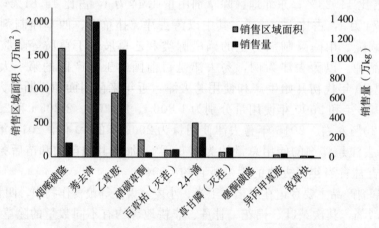

图 4-2　我国玉米田除草剂销售前十位有效成分

（3）小麦除草剂　小麦在我国是仅次于水稻的第二大粮食作物，种植面积为 0.24 亿 hm²。小麦田杂草防除面积前五位的除草剂为苯磺隆、精噁唑禾草灵、2，4-滴、唑草酮、氯氟吡氧乙酸，而销售量前五位的除草剂为 2，4-滴、草甘膦（灭茬）、苯磺隆、百草枯（灭茬）、2甲4氯（图 4-3）。

（4）大豆除草剂　近年来大豆田抗药性、耐药性杂草发生率和比例逐年增大。由于乙草胺、噻吩磺隆、氯嘧磺隆等常年大量使用，造成部分杂草耐药性和抗药性上升，加速了田间杂草群落演替。我国大豆田杂草防除面积前五位的除草剂为氟磺胺草醚、乙草胺、精喹禾灵、灭草松、2，4-滴，而销售量前五位的除草剂为乙草胺、灭草松、氟磺胺草醚、2，4-滴、烯草酮（图 4-4）。

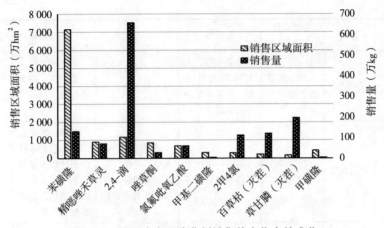

图 4-3　我国小麦田除草剂销售前十位有效成分

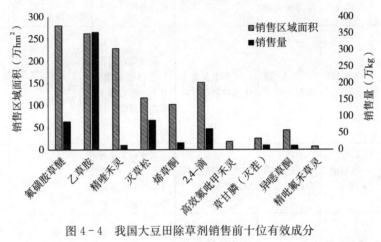

图 4-4　我国大豆田除草剂销售前十位有效成分

三、除草剂清单名录

表 4-2　除草剂清单名录

序号	品类	品名	主要成分或原料	有效性	安全性	适用土壤或作物	安全性监测指标
1	酰胺类	乙草胺	990g/L、900g/L 乙草胺乳油、50%乙草胺乳油	防除一年生禾本科杂草和部分小粒种子的阔叶杂草	对小麦、水稻、谷子、高粱、黄瓜、西瓜、甜瓜敏感	玉米、棉花、豆类、花生、马铃薯、油菜、大蒜、烟草、向日葵、蓖麻、大葱、土壤持效期 8～10 周	微生物 C 脲酶 过氧化氢酶 pH CEC 有机质 乙草胺残留
2	酰胺类	丁草胺	60%丁草胺乳油	防除稻田一年生禾本科、莎草科杂草及某些阔叶杂草	对瓜类和茄果类蔬菜播种期有一定药害，应慎重	直播或移栽水稻田防除的一年生禾本科杂草及某些阔叶杂草	无

（续）

序号	品类	品名	主要成分或原料	有效性	安全性	适用土壤或作物	安全性监测指标
3	酰胺类	丙草胺	30%丙草胺乳油	防除一年生禾本科和阔叶杂草，对多年生杂草防效较差	高度选择性，对水稻安全，杀草谱广	水稻田芽前土壤处理	无
4	酰胺类	异丙草胺	72%异丙草胺乳油	防除一年生禾本科和阔叶杂草	适用于玉米、大豆、花生、甜菜、马铃薯、苹果、葡萄等作物	在地膜覆盖田，有灌溉条件的田块以及夏季作物及南方的旱田，播后苗前喷雾处理土壤	无
5	酰胺类	异丙甲草胺	72%异丙甲草胺乳油	防治一年生杂草、某些阔叶杂草	对水生生物有极高毒性	玉米、花生、大豆、甘蔗、高粱、西瓜	无
6	磺酰胺类	五氟磺草胺	五氟磺草胺	一年生及多年生阔叶杂草有效	长残效，后茬不宜种植油菜、萝卜、甜菜等十字花科蔬菜	玉米、大豆、小麦、大麦、三叶草、苜蓿	微生物C 脲酶 过氧化氢酶 pH CEC 有机质 五氟磺草胺残留
7	磺酰胺类	氯酯磺草胺	氯酯磺草胺	大豆田苗后防除阔叶杂草	次年可安全种植小麦、水稻、玉米（甜玉米除外）、马铃薯	大豆	无
8	酰酰亚胺类	氟烯草酸	10%氟烯草酸乳油	一年生阔叶杂草有良好防除效果	在土壤中易降解	大豆、玉米苗期	无
9	酰酰亚胺类	丙炔氟草胺	50%丙炔氟草胺可湿性粉剂、48%悬浮剂	防除一年生阔叶杂草、部分禾本科杂草	在环境中易降解，对后茬作物安全	大豆、花生、果园等作物	无
10	二硝基苯胺类	氟乐灵	48%氟乐灵乳油	一年生禾本科杂草、部分阔叶杂草	低毒、易挥发、光解，施药后立即覆土	棉花、大豆、油菜、花生、马铃薯、冬小麦、大麦、向日葵、胡萝卜等	无
11	二硝基苯胺类	二甲戊灵	33%二甲戊灵乳油	一年生禾本科杂草	对甜菜、萝卜、菠菜、甜瓜、直播油菜、直播烟草等作物敏感。土壤中的持效期45～60 d	棉花、玉米、水稻、马铃薯、大豆、花生、烟草以及蔬菜田	无

（续）

序号	品类	品名	主要成分或原料	有效性	安全性	适用土壤或作物	安全性监测指标
12	取代脲类	绿麦隆	绿麦隆	麦田中防除禾本科杂草和多种阔叶杂草	对蚕豆、油菜有害	麦田	无
13	取代脲类	利谷隆	50% 利谷隆	对一年生禾本科杂草有很好的防除效果	土壤黏粒及有机质对本品吸附力强，肥沃黏土应加大用量	芹菜、豆科菜田、胡萝卜、马铃薯、葱等菜田	无
14	取代脲类	氟草隆	80%氟草隆可湿性粉剂	防除一年生禾本科杂草和阔叶草		棉花、玉米、甘蔗、果树等	无
15	磺酰脲类	吡嘧磺隆	10%吡嘧磺隆可湿性粉剂、片剂	防除玉米田一年生、多年生禾本科杂草	玉米 2 叶前或者 5 叶后使用容易产生药害	小麦、水稻、玉米、大豆、油菜、甜菜、甘蔗、草坪等	无
16	磺酰脲类	苯磺隆	10%苯磺隆可湿性粉剂	防除麦田各种一年生阔叶杂草	花生对其敏感，施用过该药的冬小麦，后茬不得种花生	麦田作物	微生物 C脲酶过氧化氢酶pHCEC有机质苯磺隆残留
17	磺酰脲类	烟嘧磺隆	40 g/L烟嘧磺隆可分散油悬浮剂	防除玉米田一年生、多年生禾本科杂草	微毒，长残效，玉米 2 叶前或者 5 叶后使用容易产生药害	玉米	微生物 C脲酶过氧化氢酶pHCEC有机质烟嘧磺隆残留
18	磺酰脲类	噻吩磺隆	15% 或75% 噻吩磺隆	防除禾谷类作物田间的阔叶草，禾本科草无效	低毒，阔叶作物对该药剂敏感，喷雾切勿污染，以防引起药害	小麦、大麦、燕麦、玉米	无
19	磺酰脲类	氯嘧磺隆	5% 或20%氯嘧磺隆可湿性粉剂	大豆田防除阔叶杂草	长残效，后茬不宜种植玉米、小麦、烟草、向日葵、瓜类	大豆	微生物 C脲酶过氧化氢酶pHCEC有机质氯嘧磺隆残留

（续）

序号	品类	品名	主要成分或原料	有效性	安全性	适用土壤或作物	安全性监测指标
20	磺酰脲类	甲磺隆	60％甲磺隆水分散剂	防治看麦娘、婆婆纳、水花生等杂草	长残效，不应在麦套玉米、棉花等敏感作物使用，碱性土壤药害加重	稻茬麦田	微生物C 脲酶 过氧化氢酶 pH CEC 有机质 甲磺隆残留
21	磺酰脲类	氯磺隆	氯磺隆	超高活性，防除禾谷田阔叶杂草及禾本科杂草	长残效，对后茬敏感的作物有玉米、油菜等	稻茬麦田	微生物C 脲酶 过氧化氢酶 pH CEC 有机质
22	磺酰脲类	氯吡嘧磺隆	75％氯吡嘧磺隆水分散剂	防除阔叶杂草和莎科杂草	后茬对甜菜敏感	小麦、玉米、水稻、甘蔗、草坪	无
23	磺酰脲类	甲基氟嘧磺隆	甲基氟嘧磺隆	玉米田防除禾本科杂草和阔叶杂草	后茬不宜种植大豆、甜菜、油菜、亚麻等敏感作物	玉米	微生物C 脲酶 过氧化氢酶 pH CEC 有机质
24	磺酰脲类	氟酮磺隆	氟酮磺隆	对禾本科杂草和多种双子叶草有明显防效	对大麦、荞麦、燕麦、十字花科和豆科作物敏感	小麦	无
25	磺酰脲类	氟磺隆	氟磺隆	玉米田防除禾本科杂草和阔叶杂草	施用后两年内不可种植甜菜、洋葱、向日葵	玉米、小麦	微生物C 脲酶 过氧化氢酶 pH CEC 有机质
26	磺酰脲类	醚苯磺隆	50％醚苯磺隆	防除一年生阔叶杂草、某些禾本科杂草	对水生生物有极高毒性	小粒禾谷类作物如小麦、大麦	无
27	磺酰脲类	苄嘧磺隆	10％苄嘧磺隆	防除水田一年生及多年生阔叶杂草和莎草	对后茬油菜敏感，注意水深和保水时间，否则易产生药害	水稻移栽田和直播田	微生物C 脲酶 过氧化氢酶 pH CEC 有机质

（续）

序号	品类	品名	主要成分或原料	有效性	安全性	适用土壤或作物	安全性监测指标
28	苯甲酸类	麦草畏	3，6-二氯-2-甲氧基苯甲酸	对一年生和多年生阔叶杂草有显著防效		小麦、玉米、谷子、水稻等	无
29	苯氧羧酸类	2，4-滴丁酯	72％2，4-滴丁酯乳油	防除阔叶杂草、莎草及某些恶性杂草	棉花、大豆等作物对该药剂敏感	小麦、玉米、谷子、水稻	微生物C 脲酶 过氧化氢酶 pH CEC 有机质 2，4-滴丁酯残留
30	芳氧苯氧基丙酸类	高效氟吡甲禾灵	10.8％高效氟吡甲禾灵乳油	防除稗草、千金子等禾本科杂草	在土壤中和稻田水中降解迅速，对后茬作物安全	水稻	无
31	芳氧苯氧基丙酸类	氰氟草酯	10％氰氟草酯	防除稗草、千金子等禾本科杂草	在土壤中和典型稻田水中降解迅速，对后茬作物安全	水稻	无
32	芳氧苯氧基丙酸类	精吡氟禾草灵	15％精吡氟禾草灵乳油	防除禾本科杂草	施药漂移对禾本科作物产生药害	大豆、棉花、马铃薯、烟草、亚麻、蔬菜、花生	无
33	芳氧苯氧基丙酸类	精噁唑禾草灵	6.9％精噁唑禾草灵	小麦田防除多种常见一年生禾本科杂草	对早熟禾、雀麦、节节麦、蜡烛草等极恶行禾本科杂草无效	小麦	无
34	喹啉羧酸类	喹草酸	喹草酸	属激素型除草剂，用于稻田防稗草	茄科、伞形花科、藜科、锦葵科、葫芦科、豆科对该药敏感	水稻	无
35	喹啉羧酸类	二氯喹啉酸	50％二氯喹啉酸	属激素型除草剂，防治稗草	土壤中残留量较大，对后茬易产生药害	水稻	脲酶 过氧化氢酶 pH CEC 有机质 二氯喹啉酸残留
36	噁二唑酮类	噁草酮	12％、25％噁草酮乳油	防除多种一年生单子叶和双子叶杂草	主要用于水田除草，对旱田的花生、棉花、甘蔗等亦有效	水稻、花生、棉花、甘蔗等	无

（续）

序号	品类	品名	主要成分或原料	有效性	安全性	适用土壤或作物	安全性监测指标
37	噁二唑酮类	丙炔噁草酮	10％丙炔噁草酮	防除一年生禾本科阔叶杂草	对萌发期的杂草效果最好，对成株杂草基本无效	水稻、大豆、棉花、甘蔗等作物及果园	无
38	三酮类	硝磺草酮	15％硝磺草酮	广谱、内吸、选择性、触杀型除草剂	对环境、后茬作物安全	玉米、草坪、甘蔗、水稻、洋葱、高粱	微生物 C 脲酶 过氧化氢酶 pH CEC 有机质 硝磺草酮残留
39	三酮类	磺草酮	磺草酮	防除阔叶杂草及某些单子叶杂草	高剂量下，对土壤微生物无有害影响	在正常轮作条件下，对冬小麦、大麦、冬油菜、马铃薯、甜菜和豌豆等安全	无
40	三氮苯酮类	环嗪酮	25％环嗪酮水可溶剂、10％颗粒剂	防除大部分单子叶、双子叶杂草及木本植物	药效进程较慢，杂草 1 个月，灌木 2 个月，乔木 3～10个月	常绿针叶林，如红松、樟子松、云衫、马尾松等幼林抚育	无
41	三氮苯酮类	嗪草酮	70％嗪草酮可湿性粉剂	一年生阔叶杂草和部分禾本科杂草有良好防效	药效受土壤类型、有机质含量、湿度、温度影响较大	大豆、马铃薯、番茄、苜蓿、芦笋、甘蔗等作物	无
42	三氮苯酮类	苯嗪草酮	70％苯嗪草酮水分散粒剂	防治单子叶和双子叶杂草	常规情况下不会分解，没有危险反应	糖用甜菜和饲料甜菜	无
43	三唑啉酮类	甲磺草胺	500 g/L甲磺草胺	防除一年生阔叶杂草、部分禾本科杂草和莎草	对下茬作物安全，但对棉花、甜菜有一定药害	大豆、甘蔗和烟草	无
44	三唑啉酮类	唑草酮	10％唑草酮	防除阔叶杂草和莎草	对后茬作物安全	小麦、大麦、水稻、玉米等	无
45	四唑啉酮类	四唑酰草胺	四唑酰草胺	防治水田禾本科杂草、莎草科杂草和阔叶杂草等	低毒、环境安全	水稻	无
46	咪唑啉酮类	咪唑乙烟酸	10％咪唑乙烟酸水剂	防除豆科植物田禾本科杂草和某些阔叶杂草	长残效，后茬不宜种油菜、高粱、水稻、茄子、草莓等	大豆及其他豆科植物	脲酶 过氧化氢酶 pH CEC 有机质 咪唑乙烟酸残留

（续）

序号	品类	品名	主要成分或原料	有效性	安全性	适用土壤或作物	安全性监测指标
47	咪唑啉酮类	甲氧咪草烟	甲氧咪草烟	对一年生禾本科与阔叶杂草有效	长残效，施后低温易造成大豆药害	豆科类作物	脲酶 过氧化氢酶 pH CEC 有机质 甲氧咪草烟残留
48	咪唑啉酮类	咪唑喹啉酸	15%咪唑喹啉酸水剂	防除春大豆一年生阔叶杂草和禾本科杂草	12个月后可种植春小麦、玉米	豆类、花生	脲酶 过氧化氢酶 pH CEC 有机质 咪唑喹啉酸残留
49	咪唑啉酮类	咪唑烟酸	25%咪唑烟酸	防除一年和多年生禾本科及阔叶、莎草科杂草	长残效，后茬不宜种油菜、高粱、水稻、茄子、草莓等	大豆及其他豆科植物	脲酶 过氧化氢酶 pH CEC 有机质 咪唑烟酸残留
50	咪唑啉酮类	甲咪唑烟酸	24%甲咪唑烟酸	对单、双子叶杂草均有良好防效	新型、广谱、高效花生地专用除草剂	花生	无
51	环己烯酮类	烯草酮	12%或24%烯草酮乳油	适用于一年生禾本科杂草	低毒	大豆、油菜、棉花、花生	无
52	环己烯酮类	烯禾啶	12.5%烯禾啶乳油	在杂草2叶至2个分蘖期均可以使用	低毒	大豆、棉花、油菜、花生、甜菜、阔叶蔬菜和果园等	无
53	嘧啶类	双草醚	20%双草醚	用于防治禾本科杂草和阔叶杂草	高效、广谱、低毒	水稻	无
54	嘧啶类	嘧啶肟草醚	5%嘧啶肟草醚	防除各种禾本科杂草和阔叶杂草		水稻、小麦	无
55	嘧啶类	苯嘧磺草胺	苯嘧磺草胺	有效防除多种阔叶杂草	具有很快的灭生作用，土壤残留降解迅速	在多种作物田和非耕地都可施用，轮作限制小	无
56	嘧啶类	氯丙嘧啶酸	50%氯丙嘧啶酸	防治阔叶杂草和一些木本植物		非农用作物，如裸地、公路、草坪、牧场等	无
57	吡啶类	氟硫草定	氟硫草定	防除一年生禾本科杂草和一年生阔叶杂草		水稻	无

（续）

序号	品类	品名	主要成分或原料	有效性	安全性	适用土壤或作物	安全性监测指标
58	吡啶类	氯氟吡氧乙酸	20％氯氟吡氧乙酸	防除阔叶杂草，对禾本科杂草无效	禾谷类作物上使用的适期较宽	小麦、大麦、玉米、葡萄、果园、牧场、林地、草坪等	无
59	吡啶类	氯氟吡氧乙酸异辛酯	200g/L氯氟吡氧乙酸异辛酯乳油	防除阔叶杂草，对禾本科杂草无效	在土壤中易降解，半衰期较短，不会对后茬作物造成药害	小麦、大麦、玉米、葡萄、果园、牧场、林地、草坪等	无
60	联吡啶类	百草枯	25％百草枯	触杀、快速、灭生性	降解快，漂移产生药害	果园、桑园、胶园、林带、非耕地、田埂、路边	微生物C 脲酶 过氧化氢酶 pH CEC 有机质 百草枯残留
61	联吡啶类	敌草快	联吡啶	适用于阔叶杂草占优势的地块除草	与土壤接触后很快失去活性	马铃薯、棉花、大豆、玉米、高粱、亚麻、向日葵	无
62	有机磷类	草铵膦	200g/L草铵膦	一年生或多年生双子叶及禾本科杂草和莎草	低毒，土壤中降解快，漂移产生药害	马铃薯田、果园、葡萄园、非耕地	无
63	有机磷类	草甘膦铵盐	68％草甘膦铵盐可溶粒剂	防除一年生或多年生杂草	低毒	果园和农田休闲地	微生物C 脲酶 过氧化氢酶 pH CEC 有机质 草甘膦铵盐残留
64	有机磷类	草甘膦	30％草甘膦、46％水剂，30％、50％和65％、70％可溶粉剂	防除一年生和多年生杂草	低毒	果园和农田休闲地	微生物C 脲酶 过氧化氢酶 pH CEC 有机质 草甘膦残留
65	有机磷类	莎稗磷	30％莎稗磷乳油	防除稻田单子叶杂草	对水生生物有毒	水稻	无
66	二苯醚类	乙氧氟草醚	24％乙氧氟草醚	防除单子叶杂草和阔叶杂草		大蒜、洋葱、姜、棉花、甘蔗、油菜、玉米、苗圃和蔬菜田	无

（续）

序号	品类	品名	主要成分或原料	有效性	安全性	适用土壤或作物	安全性监测指标
67	二苯醚类	乳氟禾草灵	24%乳氟禾草灵乳油	防除花生、大豆田一年生阔叶杂草	低毒	大豆、花生	无
68	二苯醚类	除草醚	25% 除草醚	防除阔叶杂草	长残效，对玉米、高粱、蔬菜等作物敏感	大豆、花生	微生物 C 脲酶 过氧化氢酶 pH CEC 有机质 除草醚残留
69	二苯醚类	禾草灵	10%精噁唑禾草灵	防治禾本科杂草	对水生生物有极高毒性，可能对水体环境产生不良影响	麦类、大豆、花生、油菜等作物田	无
70	三氮苯类	莠去津	40%莠去津悬浮剂、50%莠去津可湿性粉剂	防除玉米田杂草	长残效，对后茬敏感作物水稻、小麦、大豆等有害	玉米、高粱	微生物 C 脲酶 过氧化氢酶 pH CEC 有机质 莠去津残留
71	三氮苯类	扑草净	40% 扑草净	防除一年生禾本科杂草及阔叶杂草	有机质含量低的沙质土壤，容易产生药害，不宜使用	适用棉花、大豆、麦类、花生、向日葵、马铃薯、果树、蔬菜及水稻等	无
72	三氮苯类	西草净	13%西草净乳油	稻田防稗草、牛毛草、眼子菜、泽泻等	持效期长，对水稻安全	水稻、玉米、大豆、小麦、花生和棉花	无
73	三氮苯类	西玛津	50%西玛津可湿性粉剂	防除一年生阔叶杂草和部分禾本科杂草	长残效，对麦类、棉花、大豆、水稻、十字花科蔬菜有药害	玉米、高粱、甘蔗、茶园、橡胶及果园	微生物 C 脲酶 过氧化氢酶 pH CEC 有机质 西玛津残留
74	三唑并嘧啶磺酰胺类	氯酯磺草胺	35%氯酯磺草胺	防除大豆田阔叶杂草	对后茬苜蓿、燕麦、棉花、花生、甜菜、向日葵、烟草敏感	大豆	无
75	三唑并嘧啶磺酰胺	五氟磺草胺	25g/L 五氟磺草胺	防除水田杂草如稗草、一年生莎草和许多阔叶草	残留期短，对下茬作物安全	水稻	无

（续）

序号	品类	品名	主要成分或原料	有效性	安全性	适用土壤或作物	安全性监测指标
76	三嗪类	嗪草酮	20%嗪草酮	对一年生阔叶杂草和部分禾本科杂草有良好防除效果	长残效，大豆苗期使用有药害，对下茬或后茬白菜有害	马铃薯、大豆	微生物C 脲酶 过氧化氢酶 pH CEC 有机质 嗪草酮残留
77	吡唑啉酮类	苯吡唑草酮	33.6%苯吡唑草酮	防除玉米田一年生禾本科杂草和阔叶杂草	环境友好，对后茬作物安全	玉米	无
78	氨基甲酸酯类	灭草灵	氨基甲酸酯	防除稗草、马唐、马齿苋、藜和当年生三棱草等	对人畜低毒，对鱼类毒性较高	小葱、大蒜等蔬菜	无
79	氨基甲酸酯类	燕麦灵	15%乳油4-氯-2-丁炔基-N-间氯苯基氨基甲酸酯	芽后防除野燕麦、早熟禾	对双子叶杂草无效	小麦、大麦、青稞、亚麻、甜菜、豌豆、大豆	无
80	氨基甲酸酯类	磺草灵	对氨基苯磺酰胺甲酸甲酯	防除一年生和多年生杂草		甘蔗、棉田、大豆、谷物、甜菜、番茄、洋葱	无
81	硫代氨基甲酸酯类	哌草丹	50%哌草丹乳油	水稻田防除稗草及牛毛草，其他杂草无效	属低毒除草剂	水稻	无
82	硫代氨基甲酸酯类	野麦畏	40%野麦畏乳油	防除野燕麦	高效选择性除草剂，土壤处理	小麦、大麦、青稞、油菜、豌豆、蚕豆、亚麻、甜菜、大豆等作物	无
83	硫代氨基甲酸酯类	禾草丹	50%或80%禾草丹乳油	防除稗草、牛毛草、异型莎草、千金子、马唐、蟋蟀草等	施药时杂草均应在2叶期前，否则药效下降	水稻、麦类、大豆、花生、玉米、蔬菜田及果园等	无
84	有机杂环类	异噁草松	48%异噁草松	对一年生禾本科杂草及阔叶杂草有效	长残效，后茬不宜种植麦类、谷子、苜蓿等作物	大豆、花生、玉米	微生物C 脲酶 过氧化氢酶 pH CEC 有机质 异噁草松残留

（续）

序号	品类	品名	主要成分或原料	有效性	安全性	适用土壤或作物	安全性监测指标
85	有机杂环类	异噁唑草酮	75％异噁唑草酮水剂	防除一年生阔叶杂草和部分一年生禾本科杂草	长残效，风沙地、低洼积水地、盐碱地产生药害	玉米、甘蔗	微生物 C 脲酶 过氧化氢酶 pH CEC 有机质 异噁唑草酮残留
86	有机杂环及其他	氟噻草胺	41％氟噻草胺	防除一年生禾本科杂草和水花生等阔叶杂草	对多种作物安全	玉米、甜玉米、大豆、花生、棉花、蚕豆和菜豆	无
87	有机杂环及其他	灭草松	500g/L灭草松	防除阔叶杂草和莎草科杂草，对禾本科杂草无效	低毒，对棉花、蔬菜等作物较为敏感，应避免接触	水稻、大豆、花生、小麦等	无
88	生物除草剂	胶孢炭疽菌	胶孢炭疽菌	防治大豆菟丝子	环境安全，无残留	大豆	无
89	生物除草剂	双丙氨膦	双丙氨膦	一年生及多年生单子叶和双子叶杂草	降解快，环境安全	果园	无
90	生物除草剂	双丙氨膦钠盐	双丙氨膦钠盐	防除马唐、稗草、狗尾草、千金子等禾本科杂草	环境安全，无残留	玉米、大豆	无

注：本表对部分除草剂及部分长残效除草剂提出了安全性监测指标，仅供参考。

第二节 除草剂的安全性分析

一、除草剂残留现状

除草剂残留是指施用除草剂后一定时间内，没有被分解而残留于生物体、收获物、土壤、水体、大气中的微量除草剂原体、有毒代谢物、降解物和杂质的总称。目前使用的除草剂，有些在较短时间内可以通过生物降解成为无害物质，有些除草剂由于分解缓慢，在土壤中残留时间长，在当季作物上不表现药害，但对后茬作物易造成药害。此外，土壤环境中除草剂的残留通过环境、食物链最终传递给人畜，对人类健康和生态环境产生潜在的危害。

1. 国外除草剂残留现状 随着全球粮食需求量的迅速扩张以及城市化进程的加快，除草剂在土壤、水体、生物体等不同生态系统中均有检出。欧洲委员会有关饮用水的规定中（80/778/EC）要求，任何农药在饮用水中含量不能超过 $0.1~\mu g/L$，农药总含量不能超过 0.5 μg/L。美国 1991—1992 年调查 West Lake 湖的 13 个水样中有 11 个水样的莠去津浓度超过了饮用水的标准，1996 年再次调查时仍检测出 50% 的水井样品中含莠去津及其代谢物。据美国环保局统计，美国每年约有 200 万～300 万人的主要饮用水源存在莠去津污染，且其浓度已超过了 0.2 μg/L。匈牙利对土壤中农药活性成分和残留调查发现，虽然 24 个土壤样品中只有 2 个样品检测出莠去津，浓度分别为 0.07 mg/kg 和 0.11 mg/kg，但是地下水样品中检测出莠去津 166～3 067 μg/L，乙草胺 307～2 894 μg/L，二嗪农 15～223 μg/L 和扑草净 109～160 μg/L 等不同量。德国自 1991 年 3 月开始禁止在玉米田施用莠去津，但通过 1991—2000 年对地下水的监测中发现，莠去津及其衍生物的检出量仍呈不断上升的趋势。

草甘膦作为一种"假持久性"有机污染物，其在土壤中的降解产物 AMPA 含量一般高于 PMG 含量。西班牙在 20～35 cm 土层的森林土壤中检测出草甘膦残留。丹麦、阿根廷农田土壤中 PMG 和 AMPA 的平均含量分别为 35～1 502 μg/L 和 299～2 256 μg/L。水生态系统也是草甘膦等农药的重要归宿，阿根廷转基因大豆种植区的田间水中草甘膦含量为 0.10～0.70 mg/L，沉积物中为 0.5～5.0 mg/kg，圣劳伦斯河及其支流淡水湖泊中平均质量浓度为 2.11 μg/L，沉积物中为 10.47 μg/kg。乌克兰 Desna 河及 Volzhyn 和 Cherneche 湖的肉食性鱼类肝脏中草甘膦的质量分数为 1.40～2.06 μg/g。

2. 我国除草剂残留

（1）耕地除草剂残留　东北农业区主要种植作物为玉米、水稻、大豆，常用除草剂有阿特拉津、西玛津、乙草胺、丁草胺、烟嘧磺隆、砜嘧磺隆、苄嘧磺隆等。由于东北地处高纬度，年平均气温较低，农药降解缓慢，农药残留可能更为严重。据统计，2014 年辽宁省、吉林省、黑龙江省、内蒙古自治区农作物总播种面积分别为 4 164.09、5 615.29、12 225.92 和 7 355.96 khm²，农药使用量分别为 6.03 万、5.95 万、8.74 万和 3.09 万 t（中国统计年鉴年度数据，2017），显然辽宁省单位面积施用的农药量最大，而大量农药的使用增加了农药残留的概率。据调查，辽北农田土壤中莠去津、乙草胺和丁草胺 3 种除草剂均有检出，其中莠去津和乙草胺全部检出，丁草胺检出率相对较低，仅为 27.8%，莠去津、乙草胺和丁草胺残留量分别为 0.14～21.20 μg/kg、0.53～203.20 μg/kg 和 ND～30.87 μg/kg。吉林省某地玉米田中阿特拉津和乙草胺检出最大残留量分别为 295 μg/kg 和 911 μg/kg。2017 年吉林省各地莠去津最大残留量白城地区为 0.066 mg/kg，长春地区为 0.137 mg/kg，吉林地区为 0.157 mg/kg，辽源地区为 0.129 mg/kg，四平地区为 0.169 mg/kg，松原地区为 0.11 mg/kg，不同时间段中莠去津的残留量大小依次为 7 月＞10 月＞4 月。

东北农业区土壤中单个除草剂残留具有生态风险（RQ≥1）的包括阿特拉津、炔苯酰草胺、乙草胺、丁草胺等，其中阿特拉津（0.0 052～2.43 μg/kg）、炔苯酰草胺（0～2.34 μg/kg）、乙草胺（0～4.70 μg/kg）、丁草胺（0～287.85 μg/kg），由于丁草胺的无效应浓度仅为 0.515 μg/kg，可见土壤中残留量只要超过 0.515 μg/kg，就认为会对生态环境造成潜在的影响。东北农业区仅吉林省白城市、内蒙古自治区通辽市科尔沁左翼中旗、黑龙江省大庆市等地没有生态风险，其他地区丁草胺的生态风险均较大，在辽宁省沈阳市辽中区及其周边地区丁草胺的生态风险系数最高可以达到 287.85 μg/kg。

二氯喹啉酸在全国多种典型土壤中半衰期在 23.9～35.6 d 之间，在有机质含量高、酸性强的土壤中半衰期更长。施药 60 d 后大多数土壤中二氯喹啉酸的残留量仍大于 0.06 mg/kg，而有报道称二氯喹啉酸在土壤中的残留量为 0.06 mg/kg 时将对多种农作物产生药害。二氯喹啉酸残留致烟草药害的临界值为 0.1 mg/kg，在郴州烟稻轮作地区二氯喹啉酸的使用量超过 750 g/hm² 时，土壤中检出量可达 0.169～0.772 mg/kg。贵州毕节市大方烟区不同试验点二氯喹啉酸检出量均大于 0.29 mg/kg，几乎是二氯喹啉酸残留致烟草药害临界值的 3 倍。

（2）水体环境除草剂残留现状　在降雨和地表径流的作用下，施用于土壤中的除草剂及代谢产物最终会进入水体，近海农业区沿岸每年都会有大量除草剂残留物经过河流进入到海洋环境中。对我国重点流域（如长江流域、黄河流域、太湖流域、松花江流域、黑龙江流域、东江流域、南水北调中线和东线等）内 29 种农药在地表水中的浓度调查，除草剂莠去津、乙草胺、扑草净及噁草酮的检出率分别为 100.0%、74.1%、59.3% 和 37.0%。其中，莠去津在太湖流域、黑龙江流域和松花江流域具有潜在生态风险，乙草胺在松花江流域有潜在生态风险，噁草酮在长江流域、太湖流域、松花江流域和黑龙江流域均具有潜在生态风险。莱州湾海域 43 个站位表层海水中阿特拉津、扑草净、扑灭津、莠灭净、脱乙基阿特拉津的检出率分别为 100%、97.7%、51.2%、100% 和 93.0%，平均浓度分别达到 31.3、6.49、1.57、12.4 和 9.14 ng/L。除草剂残留呈现出湾内高于湾口、湾西部高于东部的特点。连云港市海州湾沿岸水体中丙草胺、莠去津、扑草净、西草净、西玛津、特丁净、特丁津检出率分别为 5%、100%、80%、10%、5%、25%、5%，最高浓度分别达到 9.6、61.9、31.9、3.8、3.4、10.5、17.6 mg/L。除草剂残留表现为河口处高于其他地区、农业地区沿岸高于生活区和工业区沿岸、丰水期高于枯水期的特征。

水体中残留的除草剂，一方面通过抑制硅藻细胞的光合（约 57% 的光合基因显著下调）与碳代谢功能（如卡尔文循环、三羧酸循环、糖酵解途径等），导致藻细胞叶绿素 a 荧光强度减弱，光能转化效率显著降低，部分藻细胞出现破裂死亡现象。另一方面，藻细胞对除草剂具有较强的富集作用，藻细胞中的除草剂浓度是自然海水中除草剂浓度的 70～119 倍。因此，藻细胞对除草剂的富集作用，若通过食物链向高营养级生物级联传递，甚至最终可能会影响到人类餐桌上的海产品安全。未来随着全球除草剂使用量的不断增加，除草剂污染可能会对近海初级生产与近海生态系统稳定产生较严重的负面影响。

二、耕地除草剂残留对作物的影响

无论是土壤封闭处理剂，还是茎叶兼土壤封闭处理剂在土壤中都有持效期。在土壤中降解速度慢、持效期超过一个生长季节的除草剂称为长残效除草剂。长残效除草剂由于除草效果好、药效持久而长期大量应用，造成土壤残留和积累，对后茬敏感作物药害问题十分突出。轻者抑制生长、发育畸形、开花授粉不良而影响产量，重者造成毁灭性死苗、绝产绝收。

1. 除草剂对作物生长的影响

（1）显性药害　除草剂对植物的显性药害可以从植物的形态变化直接观察到，如产生焦灼斑、卷叶、畸形、枯萎、失绿、生长缓慢、植株矮化，甚至成株枯死等。显性药害造

成的原因主要有以下 4 种:

①除草剂漂移药害。指施用除草剂时及施用后,因气流将除草剂雾滴飘移到其他敏感作物田而造成的药害。如 2,4-滴容易对邻近的棉花、豆类、甜菜、蔬菜等作物产生药害,玉米田使用乙草胺等封闭除草剂易对西瓜、蔬菜造成药害等,绿黄隆、甲黄隆飘移可造成甜菜、大豆、油菜、玉米、西瓜、蔬菜田药害。

②除草剂使用不当或用量过大。在施药过程中如遇低温、高湿、降雨等恶劣或极端的气候影响造成的药害。小麦田常用的二甲四氯、异丙隆等除草剂施药后遇到低温就会造成药害。喷施咪唑乙烟酸和绿嘧磺隆后,遇到持续 2 d 10℃ 低温和多雨均易发生药害,可造成大豆药害,严重时减产。异噁草松推荐剂量下茬可种小麦、水稻、油菜、玉米、甜菜、马铃薯等作物,超量施用易造成药害。二氯喹啉酸使用过量易对水稻造成药害。麦田施野燕枯在高温条件下或用药量过高时对小麦也有影响,小麦受害表现为叶变黄,用药越多药害越重。大豆在高温时使用灭草松,用药量大时易产生药害,表现为光合作用受阻,叶片产生黄褐色斑,如灼烧状,叶斑边缘变红色。

③除草剂混用不当造成的药害。除草剂和其他除草剂或杀虫剂、杀菌剂混用不当也容易造成药害,如苯磺隆等磺酰脲类除草剂和有机磷、氨基甲酸酯类杀虫剂混用或间隔施用时间过短都会对小麦造成药害。

④使用技术不规范(用药时期、剂量、方法不当)、施药不均匀等对作物产生药害。土壤封闭处理用药太晚,作物部分已经出苗可发生药害现象。土壤封闭处理在整地前施药或整地中施药,药土层的厚度或除草剂在土壤耕层中的分布差异很大,容易造成位差选择性失败而产生药害。

(2)残留药害 耕地土壤中残留的除草剂既可直接对作物的生长发育造成危害,又可造成土壤微生物群落功能发生变化,土壤中原有的微生物群落内部种群间的竞争关系发生变化,原有的平衡遭到破坏,优势类群改变,扰乱生物活动的正常功能机制,间接毁坏土壤中的物质和能量循环,进而影响农作物的正常生长。土壤中因除草剂长残留而对后茬作物产生药害的现象屡屡发生,20 世纪 90 年代中期,我国南方多地开始将用量少、成本低、杀草谱广的甲磺隆、氯磺隆等一类长残效除草剂应用于小麦田,但是第二年在换茬种植其他豆类、蔬菜时却大面积地发生了出苗率低、发育受抑制、植株矮小畸形、产量大幅度减少等药害问题,严重扰乱了正常的换茬轮作耕作秩序。玉米田喷施西玛津后,下茬油菜出现种子发芽出苗慢,根尖芽鞘等部位变褐或腐烂。小麦田喷施麦草净,下茬种植夏花生时会出现幼根肥大、腐烂,幼苗发黄并逐渐枯死,导致严重减产。施用豆磺隆除草剂的下茬无法种植玉米等作物。在生产中由于农民不懂技术,用施过除草剂的玉米田表土育水稻苗,造成稻苗大量死亡。豆黄隆每 667 m² 用量超过有效成分 1.0 g,下茬取土用作水稻、蔬菜、甜菜育苗床土有药害,重者全部死亡。

2. 除草剂对动物的影响 除草剂可以通过地表径流等途径进入江河、湖泊、海洋等水体中,并经由食物链进入各营养级水生生物以及动物体内。一旦残留的除草剂及降解产物进入到生态系统中,便可以通过降低物种多样性、改变群体结构、改变能量流动模式、营养循环以及生态系统的稳定性来降低环境质量并影响重要的生态系统网。

草甘膦不仅对蚯蚓等土壤动物以及鱼类、两栖类等有毒性，而且对大鼠等哺乳动物乃至人类的免疫系统、内分泌系统、生殖系统等也具有一定的毒性作用，可以造成大鼠及其后代的神经毒性，造成雌性大鼠卵巢损伤及内分泌紊乱，降低雄性大鼠采食量并造成睾丸毒性。

长期接触莠去津的动物患乳腺癌和卵巢癌的概率明显高于其他未接触莠去津动物。蛙类在含有莠去津的水体环境中生存三周左右就会发生发育受损的情况，并且极低剂量的莠去津（0.1 μg）就能够使雄性青蛙变性。水中莠去津含量达 6～14 mg/L 会导致张口蟹幼虫孵化产生畸形。莠去津还会降低幼鱼的免疫反应功能，影响斑马鱼大脑神经传递，在美国环保署规定的浓度 2 μg 以下也能使鱼类的生理和组织产生变化。成年白鼠因受到莠去津影响而导致染色体发生损坏，精子不能正常生成和成熟，精子的畸形率增高，同时出现内分泌失调和肝脏损伤的现象。哺乳动物还会因莠去津影响减少睾酮的分泌，延长性成熟的时间，降低繁殖能力。莠去津还会导致两栖类动物的呼吸频率增高，杀死节肢类动物。

3. 除草剂对人类健康的影响　土壤农药残留污染对人类健康的危害主要表现为慢性中毒。农药由于难降解而长期存在于土壤及被吸收的作物中，并通过时刻处于开放状态的生态系统及食物链不断富集于生物体内，而人类位于食物链的顶层，受到的危害更大。

农药进入人体后，参与人类的部分新陈代谢，影响内分泌系统和神经系统的正常工作，从而影响人体健康。流行病研究报道，有机氯农药影响人体的免疫系统，引起人体的致癌、致突变、致畸。食用含有有机氯农药的食物容易使女性患乳腺癌、子宫癌等生殖器官恶性肿瘤和子宫内膜疾病的风险明显增加。有机氯农药影响人的智力发育及神经系统，长期接触 DDT 的人，神经系统受到不同程度的损伤。

莠去津对女性内分泌系统的影响程度仅次于 DDT，国际上关于 ATR 生物毒性的研究主要集中在神经系统毒性、生殖系统毒性、免疫系统毒性、内分泌系统毒性以及肿瘤的促发作用。美国研究机构调查发现，患有肿瘤的 66 个患者中有 43 个病人曾接触过莠去津。墨西哥哈利斯科州的社区流行病学分析表明，农场工人接触莠去津（atrazine，ATR）后出现器官和细胞水平的不同程度损伤。通过分析 2004—2006 年美国肯塔基州的出生证明数据和 2000—2008 年公共饮用水中 ATR 水平发现，其 ATR 水平与该地区孕妇早产呈正相关。

农业环境中与 MPTP（1-甲基-4 苯基-1，2，3，6-四氢吡啶）分子结构类似的工业或农业毒素（包含除草剂）是导致帕金森病的病因之一。长期低剂量暴露于百草枯、西玛津、阿特拉津、鱼藤酮和草甘膦等农药中可影响多巴胺神经系统，导致神经系统慢性中毒，容易引发例如帕金森、阿尔茨海默病以及肌肉萎缩性硬化症等神经退行性疾病的发生。有机磷和氨基甲酸酯类农药可抑制胆碱酯酶活性，破坏神经系统正常功能。厄瓜多尔的一项调查研究发现，草甘膦喷洒区或靠近该区域居住的人群与喷洒区以外 80 km 处居住的人群相比出现了较高程度的 DNA 损伤。瑞典和加拿大的研究发现，非霍奇金淋巴瘤发生率与草甘膦的暴露相关，草甘膦暴露还可诱发皮肤癌。世界卫生组织在国际癌症研究机构（IARC）的一份报告中已将草甘膦划为 2A 类，即可能对人类致癌。

三、除草剂残留对耕地质量的影响

农田施用的除草剂约有30％～50％直接进入土壤环境。进入环境中的除草剂主要有光解、温解、水解、微生物降解等途径，受冬、春季节温度差异影响，降解速率不同。除草剂进入土壤后对土壤微生物及酶活性的影响是土壤生态安全、土壤生产力评价的重要指标，成为农药环境生态毒理学研究的热点之一，除草剂的环境行为日趋受到人们的关注。

1. 除草剂对土壤微生物的影响　有研究表明，除草剂施用半个月后土壤可恢复至原来的状态，土壤环境恢复速度与除草剂用量有关，除草剂用量越大，恢复难度越大。除草剂在土壤中的长期积累对土壤呼吸（碳循环）、土壤微生物（细菌、真菌、放线菌、藻类、原生动物等）种群、土壤物质分解（碳、氮循环）、降解及解毒过程、植物的生长发育以及植物病理等过程产生影响，成为国内外研究学者关注的重点，研究化学农药对土壤微生物的影响也成为评价其生态安全性的重要指标。

（1）莠去津　莠去津在土壤中的半衰期可达35～150 d。低浓度的莠去津对土壤细菌、真菌、放线菌有一定的促进作用，但高浓度时抑制作用明显，对细菌、真菌、放线菌的最大抑制率可达40.98％、37.93％、53.45％。由于农户随意加大用药浓度，实际喷施的莠去津剂量高于推荐剂量，因此在实际生产中莠去津残留对土壤中微生物数量的抑制率远高于未施用的土壤，从而导致土壤中微生物系统的失衡，对后茬作物的生长产生不良的影响。

（2）硝磺草酮　硝磺草酮处理土壤微生物群落AWCD和碳源利用表现特征不同，土壤微生物群落特征多样性指数随着土壤中硝磺草酮含量的增加，呈现出先增大后降低的趋势。硝磺草酮在施用100倍剂量下土壤细菌和真菌基因结构最大相异度分别达到12％和28％。

（3）乙草胺　乙草胺因半衰期较短（5～7 d），一直被认为是一种低毒和对环境影响较小的农药而被鼓励使用。作为B-2类致癌物，乙草胺也是酰胺类除草剂中最具代表性的品种之一。该除草剂的特点是土壤处理后具有很高的活性，特别是对有机质含量高的土壤更为有效。研究表明，乙草胺虽在环境中存在的周期短，但是对土壤微生物的影响是长期和不可逆的。乙草胺对细菌的影响时间要稍长于对真菌和放线菌的影响，最高用量（4 500 g/hm²）对细菌的抑制作用可持续至施药后的第49天。

（4）草甘膦　草甘膦对大豆根瘤菌和大豆根腐镰刀菌有一定影响，对大豆根瘤菌的抑制作用与草甘膦浓度呈正比，低浓度草甘膦对镰刀菌产生激活作用，高浓度草甘膦对镰刀菌具有抑制作用。随草甘膦施入时间的延长，其对大豆根瘤菌和大豆根腐镰刀菌的抑制作用逐渐减弱。

目前复配农药的使用一直呈上升趋势，但农药复配对环境和土壤生态系统可能存在新的残留危害。莠去津、灭草松在10倍推荐用量下会使土壤细菌数略有减小，真菌数略有增加，细菌/真菌数之比减小。莠去津+灭草松复配与各自单用时对土壤呼吸的影响无显著差别，但添加表面活性剂后，土壤呼吸增强且持续时间延长。

2. 除草剂对土壤酶活性的影响　土壤酶作为土壤肥力和土壤质量的生物活性指标和评价指标，参与生物化学过程和养分循环，影响土壤中营养元素的转化、循环和微生物丰度，在一定程度上指示土壤环境的优劣状况，其活性也可反映除草剂应用对农田土壤生态环境带来的影响。

（1）硝磺草酮　硝磺草酮对土壤过氧化氢酶和蔗糖酶具有激活作用，一方面由于硝磺草酮本身可作为土壤微生物的能源或碳源，另一方面土壤中相关微生物通过分泌大量的过氧化氢酶来消除硝磺草酮胁迫后的应激反应。土壤过氧化氢酶和蔗糖酶活性随硝磺草酮浓度增加呈现先增加后降低的趋势，其活性较对照分别增加 22.6%～41.0% 和 3.4%～54.2%，20～100 mg/kg 的硝磺草酮处理土壤脲酶活性降低了 12.0%～18.6%。

（2）乙草胺　土壤过氧化氢酶对乙草胺不敏感，而转化酶和脲酶在乙草胺施入土壤初期较敏感。低施用量（0.3 mg/kg）乙草胺施入土壤 7d 时对转化酶表现为抑制作用，而高施用量（30 mg/kg）表现为激活作用。

（3）草甘膦　草甘膦对过氧化氢酶活性的影响较为持久，草甘膦浓度越高，土壤过氧化氢酶受抑制的程度越大。高质量分数的草甘膦（GL5）对脲酶产生一定的抑制作用。低浓度（2 L/hm²、4 L/hm²、6 L/hm²）的草铵膦可激活土壤中过氧化氢酶活性，随草铵膦施用剂量的增加激活效果更为明显，但草铵膦达到 8 L/hm² 的高浓度时，土壤过氧化氢酶活性受到抑制。

土壤脲酶和脱氢酶对低剂量的氟磺胺草醚较为敏感，可以作为评价氟磺胺草醚对土壤生态效应影响的指标之一。农药对土壤酶活性的影响与土壤类型、土壤环境、气候条件、农药结构、农药用量及施用时间、研究方法以及取样时间等诸多因素有关，同类除草剂对土壤酶活性的影响也可能存在着一定的差异。

3. 除草剂对土壤养分及转化过程的影响　除草剂的施用对土壤生物固氮、硝化-反硝化、氨化等养分及转化过程产生一定的影响。增加森草净（10%甲嘧磺隆）的用量，土壤有机质、全氮、碱解氮呈递减趋势。氯乙氟灵和百草枯可减少土壤总矿化氮量（铵态氮和硝态氮），随用量增加降低幅度增大。在不同生育期，除草剂对固氮菌数量和固氮强度的影响还表现出明显的浓度效应，高浓度混合除草剂对土壤固氮菌数量表现出了一定的刺激作用，但同时也抑制了土壤固氮强度。

除草剂对土壤氨化作用的影响主要是通过抑制或激发氨化细菌的数量与活性，通过影响尿素水解过程影响土壤脲酶活性。混合除草剂施用后，对土壤氨化过程有抑制作用。虽然高浓度除草剂对土壤氨化细菌影响不大，蛋白酶活性受到激活，但氨化强度却受到较大的抑制作用。长期使用除草剂后在土壤中也会造成一些次生产物的积累，降低土壤有效铁、锌的含量，抑制柑橘对铁、锌的吸收。

四、除草剂对农产品质量的影响

我国的粮食安全问题不仅仅是保障粮食数量的供应，还包含着农产品质量安全问题。随着消费者对农产品的需求由满足温饱向追求品质的转变，农产品质量安全问题备受关注。化学除草剂尤其是一些高毒、高残留除草剂长期大量地使用，也会引发一系列农产品质量安全问题。

1. 除草剂对农产品品质的影响　一般来说，在严格遵守使用规程的情况下，除草剂基本上不会影响农产品的品质。但如果违反使用规程和期限，可导致农产品质量下降。如除草剂 2，4-滴丁酯和精噁唑禾草灵常规剂量施用有利于改善小麦品质，提高收获时籽粒蛋白质含量和湿面筋含量，但高剂量的精噁唑禾草灵＋吡唑解草酯混剂可降低小麦籽粒蛋白质含量和面筋含量。乙草胺、菜草通（二甲戊灵）和乙阿合剂（乙草胺和莠去津）可降低玉米籽粒粗脂肪的含量，随着施用剂量的增大而降幅升高。莠去津有提高玉米籽粒可溶性糖的作用，常量的乙阿合剂提高了玉米籽粒可溶性糖含量，但倍量的乙阿合剂却起到相反的作用。

除草剂不同施用时期对品质的影响也存在差异。作物发芽前施用扑草津（1 kg/hm^2），块根里胡萝卜素的含量从 6.6％提高到 7.0％，播种前施用扑草津（1.5 kg/hm^2），胡萝卜素的含量下降到 5.96％，糖的含量也有下降趋势。一些除草剂提高了苯丙氨酸氨裂解酶（PAL）和查尔酮异构酶（CHI）等酶的功能，导致一些植物提高羟基酚和花青素的积累，另一些除草剂可抑制这些酶的功能从而导致羟基酚和花青素的减少，而花青素的改变主要对农产品着色产生影响。除草剂嘧磺隆能抑制乙酰乳酸合成酶的活性，影响异亮氨基酸、亮氨酸和缬氨酸的合成，从而影响玉米籽粒中蛋白质的合成。在玉米生育早期（2～4 叶期）施药对玉米品质基本没有影响，但高剂量和晚期（4～6 及 6～8 叶期）施用则明显降低玉米蛋白质含量。

也有研究认为，除草剂的施用对农作物品质的影响及程度与作物田是否有草害有关，苯磺隆、使它隆、异丙隆、精噁唑禾草灵、绿麦隆 5 种除草剂在无草条件下施用可使小麦蛋白质含量和湿面筋含量降低，而在有草条件下施用可使蛋白质和湿面筋含量升高。

2. 除草剂对农产品产量的影响 科学使用除草剂在一定程度上会提高作物产量，但是如果除草剂超剂量施用或者不按规定时期施用则加重作物的逆境胁迫，造成产量的降低。不同作物及其品种和不同生育期对除草剂的敏感性存在较大差异。

除草剂通过影响小麦旗叶光合特性和灌浆进程来影响小麦的千粒重和产量。2，4-滴丁酯和巨星（苯磺隆）的常规剂量可使小麦籽粒灌浆期缩短，降低小麦千粒重，骠马（噁唑禾草灵）对小麦千粒重影响较小，而世玛可增加小麦灌浆时间提高千粒重。除草剂使用时期对小麦千粒重和成穗数影响也有差异，山西省冬小麦 11 月施用除草剂 2，4-滴丁酯和世玛安全，而次年 4 月施用则会造成减产及品质下降。小麦按常规剂量的 2 倍施用苯磺隆和世玛，使小麦生长发育受抑制而减产，其中 2 倍量世玛处理减产达 307.4 kg/hm^2，减产 4.62％。苯磺隆、二甲四氯和苯磺隆＋二甲四氯对燕麦产量无显著影响，而甲基二磺隆会造成严重减产。施用 2，4-滴可降低裸燕麦产量，麦草畏和二甲四氯混合比二甲四氯单独施用减产更明显，麦草畏和二甲四氯混合降低小麦产量，但增加了千粒重。

高粱对除草剂比较敏感，除草剂处理后高粱产量变化主要是由千粒重变化引起。高粱 3 种常用的除草剂 50％二氯喹啉酸可湿性粉剂、56％二甲四氯钠粉剂和 57％ 2，4-滴丁酯乳油施用剂量分别达到 900 g/hm^2、2 250 g/hm^2 和 1 650 mL/hm^2 时，抑制高粱营养生长，降低营养物质的转运积累能力，致使高粱籽粒的千粒重及产量有所下降。

除草剂普施特增加 1 倍以上用量，可显著降低大豆产量，从而影响到高油大豆单位面积的脂肪产量与蛋白产量。嘧磺隆在高剂量和晚期处理可造成玉米明显减产，减产率达到 15％以上。在玉米-苜蓿间作种植模式下，玉米常用除草剂烟嘧•莠去津，对间隔 9 个月播种的紫花苜蓿仍能够产生药害，抑制紫花苜蓿的株高和茎粗，显著降低产量，对间隔 10 个月播种的紫花苜蓿虽没有明显的药害症状，但产量仍较对照降低，间隔 11 个月以上药害才能完全消失。

水稻常用的 3 种复配除草剂推荐剂量下增施 25%，水稻产量、有效穗数及各时期茎蘗数均呈降低的趋势，与籼稻及籼粳杂交稻相比，常规粳稻对除草剂更为敏感，增施除草剂能够显著降低其产量和有效穗。

3. 绿色农产品的除草剂限量标准 各国都制定了非常严格的农残标准，农产品中农药最高残留限量越来越严格，有的农药品种甚至达到了不能检出的地步。如美国环境保护署 2009 年 3 月初公布了一些除草剂的残留量限制标准，该法规其中一条规定除草剂精吡氟禾草灵在农产品内的综合残留限量为：胡萝卜根 2.0 mg/kg、洋葱球茎 0.5 mg/kg、花生 1.5 mg/kg、美洲胡桃 0.05 mg/kg、大豆种子 2.5 mg/kg、菠菜 6.0 mg/kg、甘薯 0.05 mg/kg、芦笋 3.0 mg/kg（美国环境保护部 EPA 公布，2009.3）。一些长残效除草剂降解半衰期较长，在农产品体内也较难降解，收获时若仍不能降解完全，则会在农产品中形成残留，严重影响农产品的质量安全。如 40% 的除草剂烟舒（烟草芽前除草剂）会在下部烟叶形成残留，72% 的大田净（异丙甲草胺）和 50% 的大惠利（敌草胺）则会在全株烟叶中都有检出，严重影响了烟叶的质量安全。

据权威部门统计，目前我国蔬菜农药残留量超过国家卫生标准的比例为 22.15%，部分地区蔬菜农药超标比例达到 80%。自 2020 年的 11 月 1 日起，由农业农村部批准发布的国家农业行业标准《绿色食品农药使用准则》（NY/T393—2020，代替 NY/T 393—2013）开始正式实施。

在 A 级绿色食品生产允许使用的其他农药清单中删除了 12 种除草剂（草甘膦、敌草隆、噁草酮、二氯喹啉酸、禾草丹、禾草敌、西玛津、野麦畏、乙草胺、异丙甲草胺、莠灭净和仲丁灵），增加了 7 种除草剂（苄嘧磺隆、丙草胺、丙炔噁草酮、精异丙甲草胺、双草醚、五氟磺草胺、酰嘧磺隆）。由此可见，要生产绿色农产品，就必须保护好生态环境，合理使用农用化学物质，避免农药残留带来的环境污染。

第三节　除草剂对耕地质量安全性评价

一、耕地除草剂残留调查

采集黑龙江省黑土、黑钙土、白浆土、暗棕壤、草甸土 5 种类型耕地土壤，检测分析土壤中莠去津、异噁草松、烟嘧磺隆、氟磺胺草醚、乙草胺、噻吩磺隆、硝磺草酮 7 种主要常用类型除草剂的残留。分析土壤类型、种植方式与土壤中除草剂残留的关系，为今后规范除草剂的使用和耕地质量的安全性评价提供依据。

1. 耕地除草剂残留现状 取样点信息见表 4-3。调查发现取样点农田土壤中除草剂检出率较高，总检出率达 100%。7 种除草剂中以烟嘧磺隆、氟磺胺草醚、莠去津、异噁草松、乙草胺检出量较高，平均占总检出量的 38.44%、25.55%、12.70%、12.06% 和 10.71%，而硝磺草酮和噻吩磺隆含量较低，占 0.53%。烟嘧磺隆土壤残留范围为 0.996～613.63 $\mu g/kg$，平均为 125.84 $\mu g/kg$，51.28% 取样点的烟嘧磺隆土壤残留值高于 100 $\mu g/kg$；氟磺胺草醚土壤残留范围为 0.111～276.79 $\mu g/kg$，平均值为 52.83 $\mu g/kg$，17.94% 取样点的氟磺胺草醚土壤残留值高于 100 $\mu g/kg$，53.84% 取样点土壤残留值介于 10～100 $\mu g/kg$ 之间；莠去津土壤残留范围为

1.816～59.68 μg/kg，82.05％取样点土壤残留值介于10～100 μg/kg范围；异噁草松土壤残留范围为0.006～158.58 μg/kg，平均值为22.94 μg/kg，33.33％取样点土壤残留值高于100 μg/kg；乙草胺土壤残留范围为1.387～190.33 μg/kg，平均为14.68 μg/kg，35.89％取样点土壤残留值高于100 μg/kg；硝磺草酮与噻吩磺隆土壤残留值分别为0.02～3.026 μg/kg和0.001～0.581 μg/kg，均低于10 μg/kg（图4-5）。

表4-3　采样点信息

编号	市	县
1	黑河市	嫩江、爱辉、北安、五大连池
2	齐齐哈尔市	庆安、克山、拜泉
3	大庆市	大同、大庆
4	牡丹江市	林口、宁安、东宁
5	佳木斯市	萝北、佳木斯

注：数据分析为部分取样点信息，仅供参考。

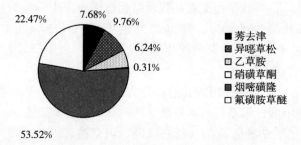

图4-5　常用类型除草剂的土壤残留量

2. 土壤类型与除草剂残留分布　土壤类型对除草剂残留有一定的影响。5种类型土壤除草剂残留总量分析表明（图4-6），黑钙土中除草剂残留量最低，平均为18.61 μg/kg，草甸土中除草剂残留量最高，平均330.78 μg/kg，其次为典型黑土，残留总量为307.82 μg/kg，白浆土和暗棕壤中残留总量接近，分别为207.28 μg/kg、171.73 μg/kg。有机质含量低、pH较高，是黑钙土中除草剂残留较低的主要原因。

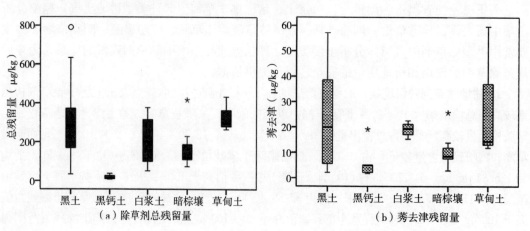

（a）除草剂总残留量　　　　（b）莠去津残留量

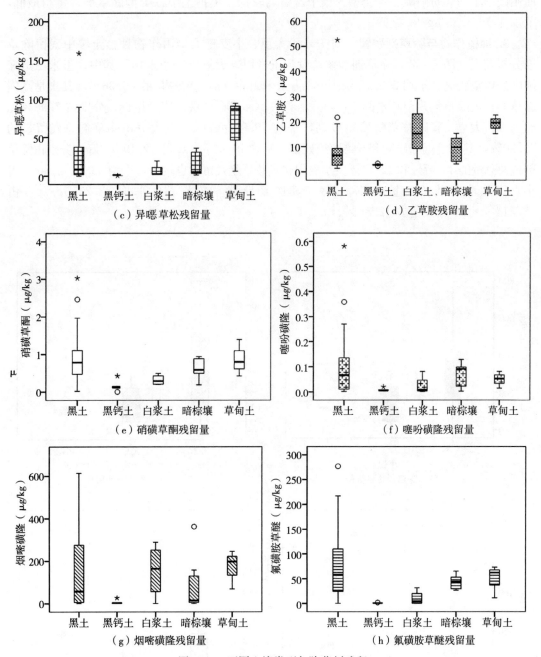

图 4-6 不同土壤类型与除草剂残留

除草剂在不同类型土壤中残留量不同。烟嘧磺隆、氟磺胺草醚、异噁草松、莠去津在草甸土和暗棕壤中含量均较高,分别为 171.18 μg/kg、48.90 μg/kg、62.05 μg/kg、28.65 μg/kg 和 162.32 μg/kg、82.35 μg/kg、29.94 μg/kg、22.48 μg/kg。其次为白浆土,烟嘧磺隆、乙草胺、莠去津含量较高,分别为 154.71 μg/kg、16.14 μg/kg、19.16 μg/kg,暗棕壤中烟嘧磺隆、异噁草松含量较高,分别为 92.53 μg/kg 和 15.53 μg/kg,

而硝磺草酮和噻吩磺隆在各类型土壤中含量均较低。黑钙土中各类型除草剂含量均最低，范围在 0～6.88 μg/kg 之间。

3. 种植作物与除草剂残留　对玉米、大豆、小麦三大旱田作物种植土壤中残留除草剂分析发现（图 4-7），除草剂残留总量为玉米田＞大豆田＞小麦田。其中，玉米田烟嘧磺隆残留量较高，平均 202.18 μg/kg，占玉米田除草剂残留总量的 66.36％，其次是氟磺胺草醚，占除草剂残留总量的 13.43％，莠去津和异噁草松残留量接近，分别占 7.98％和 8.44％；大豆田氟磺胺草醚残留较高，平均 79.90 μg/kg，占大豆田除草剂总残留量的 59.20％，其次是烟嘧磺隆和异噁草松残留，平均 19.52 μg/kg 和 17.19 μg/kg，分别占除草剂残留总量的 14.47％和 12.74％；小麦田氟磺胺草醚残留量也较高，平均 53.26 μg/kg，占小麦田除草剂残留总量的 47.12％，其次是异噁草松残留，平均 32.23 μg/kg，占 28.51％，乙草胺残留占 12.36％。

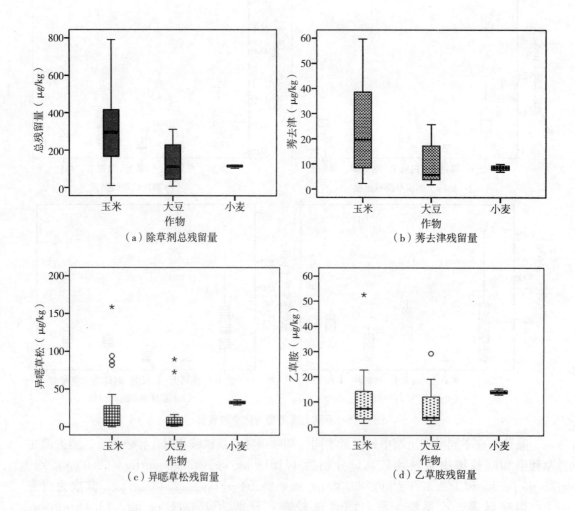

（a）除草剂总残留量　　　　（b）莠去津残留量

（c）异噁草松残留量　　　　（d）乙草胺残留量

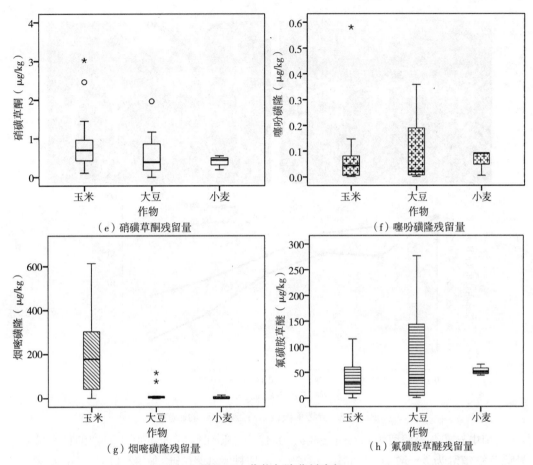

图 4-7 作物与除草剂残留

总体分析，氟磺胺草醚在 3 种作物田中残留量都较高，大豆田高于小麦和玉米田，与三大作物轮作有关。烟嘧磺隆和莠去津残留量在玉米田中较高，与大豆和小麦田差异显著。乙草胺在玉米和小麦田残留量较高，大豆田残留量较低。硝磺草酮和噻吩磺隆 2 种除草剂在 3 种作物田残留量均较低，可能与该类型除草剂为非长残效除草剂有关。

二、长残效除草剂异噁草松的土壤残留特性研究

1. 异噁草松残留对玉米生长的影响　异噁草松［Clomazone，2-（2-氯苄基）-4，4-二甲基异噁唑-3-酮］是防治大豆田杂草，尤其是恶性杂草鸭趾菜、苣荬菜、刺儿菜等常用的长残效除草剂之一。通过抑制类异戊二烯合成途径中的酶活性，阻碍植株体内类胡萝卜素和叶绿素的生成与质体色素的积累，导致植株产生白化现象而死亡，并且对下茬玉米、马铃薯、甜菜等种植作物均有一定的安全周期。

模拟长残效除草剂的土壤残留环境，研究大豆田长残效除草剂异噁草松对下茬作物玉米生长的影响。由图 4-8 可见，土壤中异噁草松残留量越高，对玉米幼苗生长的抑制作用越显著，叶片白化、根系发育受阻。当残留量达到 0.48 mg/kg 时，玉米幼苗受药害率达 100%。

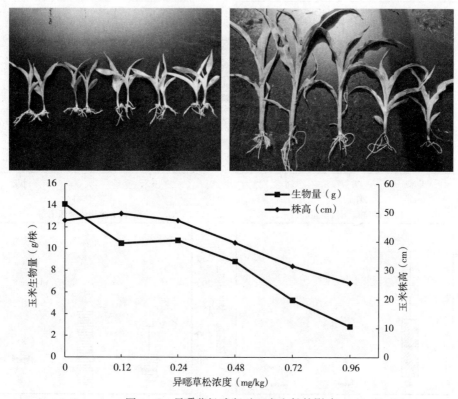

图 4-8　异噁草松残留对玉米生长的影响

　　土壤中异噁草松残留为 0.06 mg/kg、0.12 mg/kg 时，玉米 5 叶 1 心期的株高较对照（异噁草松残留为 0）增加 10.36%、8.79%，植株总生物量增加 22.11%、26.25%，除叶绿素略有降低外。7 叶 1 心期的植株总生物量增加较大，分别为 28.77%、35.97%（图 4-9）。结果表明，低剂量异噁草松对玉米幼苗生长有促进作用，高剂量异噁草松对玉米幼苗生长有抑制作用。

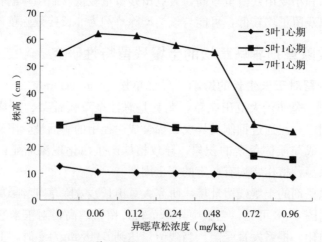

图 4-9　异噁草松残留下玉米不同生长期株高变化

当异噁草松土壤施用量大于 0.12 mg/kg 时，随施用量增加，抑制作用更加明显。土壤中异噁草松残留为 0.72 mg/kg、0.96 mg/kg 时，5 叶 1 心期株高较对照分别降低 40.68%、45.29%，叶绿素含量降低 61.2%、86.16%，植株总生物量降低 72.86%、85.30%。7 叶 1 心期由于季节性降雨量的增加，对药害症状有所缓解，植株长势虽好于前期生长，但株高较对照降低 48.17%、53.10%，生物量降低 82.40%、85.62%（图 4 - 10），差异显著（p<0.05）。

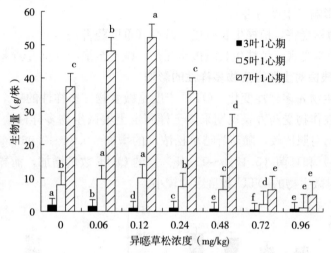

图 4 - 10 异噁草松残留下玉米不同生长期生物量变化

以大豆为指示作物，采用土柱试验，研究异噁草松在土壤剖面中的残留分布。异噁草松主要分布在 30 cm 以上土层，初始浓度越高，土壤残留量越大，0.48 mg/kg、0.96 mg/kg、1.44 mg/kg 土壤残留量分别为 0.16 mg/kg、0.54 mg/kg、0.85 mg/kg，残利率分别为 27.08%、56.25% 和 59.02%，说明农田土壤中农药施用量越大，土壤残留量越高，对下茬作物的生物有害性越大。随着土层深度增加，残留量逐渐降低，以 0~20 cm 土层含量较高，平均残留量占总残留量的 59.0 % 左右，至 40 cm 土层左右基本无残留（图 4 - 11）。

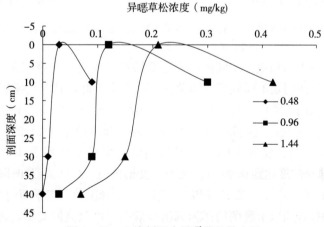

图 4 - 11 土壤剖面中异噁草松的含量

2. 异噁草松土壤残留药害分级 按照生物测定方法，根据玉米受药害症状及表现程度，初步将异噁草松残留药害等级分为 6 级：

0 级：无受害现象。

1 级：10％植株受害，叶片有轻微的白化或条纹，不影响生长（轻度药害）。

2 级：10％～30％植株受害，叶片白化现象明显，水分适宜情况下对植株生长影响不大，不影响产量（轻度药害）。

3 级：30％～60％植株受害，植株表现症状明显，土壤水分充足条件下，能够恢复生长，对产量略有影响（中度药害）。

4 级：全部植株受害，植株生长缓慢，减产（重度药害）。

5 级：全部植株受害，植株生长缓慢至死亡，减产至绝产（重度药害）。

3. 异噁草松残留对土壤微生物多样性的影响

（1）土壤微生物 α-多样性变化　OTU 丰度是微生物 α 多样性的一个指标，表达样品中物种的数量。在作物受药害表现期采集土样测定土壤微生物多样性变化。由图 4 - 12、图 4 - 13 可见，与对照比较，随着异噁草松浓度的增加（0.24～0.96 mg/kg），土壤细菌（4.55％～5.88％）和真菌（5.17％～11.45％）的 OUT 数量增加，而异噁草松残留量低于 0.12 mg/kg 对微生物的 OTU 数量影响较小。

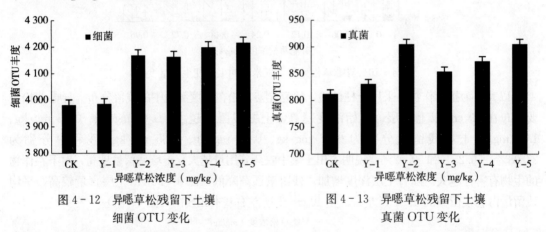

图 4 - 12　异噁草松残留下土壤
细菌 OTU 变化

图 4 - 13　异噁草松残留下土壤
真菌 OTU 变化

注：CK1-对照、Y1-异噁草松浓度 0.12 mg/kg、Y2-异噁草松浓度 0.24 mg/kg、Y3-异噁草松浓度 0.48 mg/kg、Y4-异噁草松浓度 0.72 mg/kg、Y5-异噁草松浓度 0.96 mg/kg。

（2）土壤微生物群落组成　不同浓度异噁草松残留改变了土壤细菌群落组成。酸杆菌门、变形菌门和放线菌门是不同处理下细菌群落的主要类群，其次是绿弯菌门、扁平菌门、芽孢单菌门和拟杆菌门等类群。与对照比较，不同浓度异噁草松残留土壤中细菌厚壁菌门、酸杆菌们、扁平菌门表现降低趋势，平均变化率为−29.63％、−24.99％和−18.55％，拟杆菌门、硝化螺旋菌门、放线菌门表现增加趋势，平均变化率为 138.03％、83.48％和 24.44％。在异噁草松浓度达到 0.96 mg/kg 时，变形菌门、绿弯菌门和芽孢单菌门数量均减小，变化率分别为−3.75％、−2.37％和−1.53％。子囊菌门、担子菌门和被孢霉门是真菌的主要类群，不同处理均以子囊菌门作为真菌群落中丰度最高的类群，占真菌群落的 80％以上。总体分析，不同浓度异噁草松残留对真菌群落组成的影响相对较小。

（3）土壤微生物多样性变化　由细菌特异丰度分析可见，与对照比较，土壤中异噁草松出低浓度到高浓度，富集的细菌数量表现为先增加再降低趋势，而耗减的细菌数量表现为增加后降低再增加的趋势。土壤中异噁草松浓度越高，富集的细菌数量减少和耗减的细菌数量增加差异越大，说明异噁草松残留量越大，对土壤中某些细菌菌属的抑制作用越强烈。

根据细菌特异丰度分析结果发现，异噁草松残留促进了细菌放线菌门、拟杆菌门以及变形菌门的富集，引起了酸杆菌门、绿弯菌门及变形菌门的衰减。0.24~0.72 mg/kg 的浓度异噁草松处理对细菌物种的影响相对一致，但要高于 0.12 mg/kg 低浓度处理。进一步分析表明，相比于对照，异噁草松的添加均增加了拟杆菌门中 Chitinophagaceae 的相对丰度，在低浓度残留时显著增加了变形菌门中 β-变形菌的丰度，而高浓度异噁草松处理显著增加了 γ-变形菌的丰度。与对照比较，异噁草松残留也显著降低了酸杆菌门中 subgroup-6 以及变形菌门中 α-变形菌的丰度。总体分析，土壤中特定细菌物种随异噁草松浓度的增加而增加。与 0.12 mg/kg 低浓度异噁草松处理比较，随异噁草松浓度增加（0.24~0.72mg/kg），进一步促进了细菌特定物种的增加。

通过真菌特异丰度分析（图 4-14）发现，土壤真菌对异噁草松浓度的敏感程度要低于细菌。与对照比较，土壤富集和耗减的特定真菌物种数量维持相当的数量。不同浓度异噁草松的残留对真菌物种的影响均表现为子囊菌门的变化，低浓度异噁草松残留对子囊菌门的影响略小于高浓度异噁草松残留。

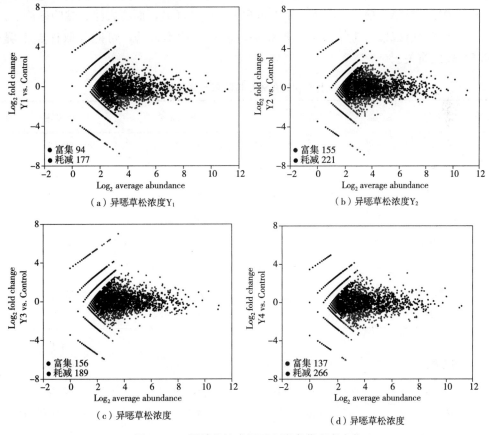

图 4-14　异噁草松残留下土壤真菌丰度变化

三、除草剂对耕地质量安全性评价指标筛选

2018 年生态环境部与国家市场监督管理总局联合发布《土壤环境质量 农用地土壤污染风险管控标准（试行）》（GB 15618—2018），该标准的制定是为保护农用地土壤环境，保障农产品质量安全。目前，我国尚未制定主要保护目标为生态受体的土壤筛选值。关于除草剂对耕地质量的安全性评价，目前也没有明确的标准或准则。因此，根据文献资料及前期研究基础，选择土壤 pH、有机质（SOM）、阳离子交换量（CEC）、微生物碳（MBC）、脲酶（S-UE）、过氧化氢酶（CAT）等指标作为初步评价土壤质量安全性指标，并结合除草剂残留试验，验证相关指标的科学性、合理性，为进一步评价耕地质量安全提供依据。

1. 土壤理化指标与耕地除草剂残留的相关性 对 5 个区域、5 个土壤类型取样点土样理化指标分析，以 pH 和有机质（SOC）作为自变量（表 4-4），初步发现土壤中除草剂残留总量与有机质显著正相关（$R^2 = 0.119$，$p < 0.05$），与土壤 pH 负相关（$R^2 = 0.163$），但相关性不显著。除乙草胺外，土壤中莠去津（$p < 0.05$）、氟磺胺草醚（$p < 0.01$）、硝磺草酮（$p < 0.05$）、噻吩磺隆（$p < 0.05$）的土壤残留量与土壤有机质显著正相关，而异噁草松、烟嘧磺隆与土壤有机质正相关性不显著。除乙草胺外，土壤中硝磺草酮（$p < 0.01$）、异噁草松与土壤 pH 显著负相关（$p < 0.05$），而莠去津、噻吩磺隆、烟嘧磺隆、氟磺胺草醚残留与土壤 pH 呈负相关，但相关性不显著，可能与取样点土壤 pH（<6.5）较低有关。

表 4-4 土壤 pH 和 SOC 与除草剂残留量的相关性

	除草剂	方程	相关系数	相关性
pH	莠去津	$y = -4.235x + 43.632$	$R^2 = 0.067$	-0.265
	异噁草松	$y = -9.933x + 82.9$	$R^2 = 0.078$	$-0.400*$ $p < 0.05$
	乙草胺	$y = -0.874x + 19.953$	$R^2 = 0.001$	0.014
	硝磺草酮	$y = -0.225x + 2.073$	$R^2 = 0.126$	$-0.432*$ $p < 0.01$
	噻吩磺隆	$y = -0.029x + 0.249$	$R^2 = 0.062$	-0.157
	烟嘧磺隆	$y = -36.01x + 343.211$	$R^2 = 0.048$	-0.152
	氟磺胺草醚	$y = -20.729x + 177.961$	$R^2 = 0.114$	-0.310
	总残留量	$y = -72.035x + 669.983$	$R^2 = 0.163$	-0.269
SOC	莠去津	$y = 0.657x - 5.948$	$R^2 = 0.182$	$0.347*$ $p < 0.05$
	异噁草松	$y = 0.179x + 16.412$	$R^2 = 0.003$	0.299
	乙草胺	$y = -0.392x + 28.998$	$R^2 = 0.019$	-0.005
	硝磺草酮	$y = 0.013x + 0.234$	$R^2 = 0.049$	$0.340*$ $p < 0.05$
	噻吩磺隆	$y = 0.004x - 0.059$	$R^2 = 0.118$	$0.365*$ $p < 0.05$

（续）

除草剂	方程	相关系数	相关性	
烟嘧磺隆	$y = 2.858x + 21.385$	$R^2 = 0.034$	0.101	
氟磺胺草醚	$y = 2.477x - 37.705$	$R^2 = 0.182$	0.509*	$p < 0.01$
总残留量	$y = 5.795x + 23.317$	$R^2 = 0.119$	0.343*	$p < 0.05$

2. 土壤理化指标与微生物多样性的相关性　莠去津是一种在全世界范围内广泛使用的三嗪类除草剂。土壤中的莠去津具有稳定结构、较强水溶性、不易分解及较长半衰期等特点，易通过降雨、灌溉及淋溶等过程进入地表水和地下水，对土壤、大气及水体生态环境造成污染。低浓度阿特拉津作为内分泌干扰物具有毒性作用，阿特拉津对环境影响已引起关注。

根据前期试验分析莠去津残留土壤中不同细菌菌属与土壤理化指标的相关性（图4-15）发现，pH、全氮、S-UE与真菌和细菌菌属均无相关性。土壤有机质与 *Pseudarthrobacter*、*Gaiella* 和 *Rubrobacter* 细菌菌属显著负相关。*Gemmatimonas* 与微生物碳显著正相关，与全磷显著负相关。*Microvirga* 与 S-CAT 显著正相关，与碱解氮显著负相关。*Sphingomonas* 与有效磷显著正相关，与全钾显著负相关。在莠去津施用初期，土壤微生物群落对不同浓度的处理响应不同，碳源利用的多样性存在明显差异。

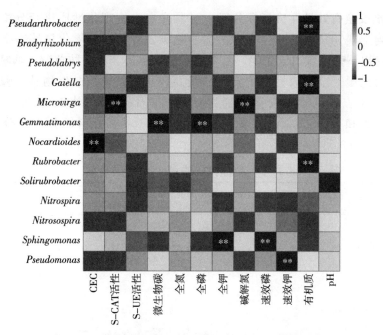

图4-15　莠去津残留土壤细菌多样性与理化指标相关性

莠去津残留下（图4-16）土壤理化指标与真菌类群相关性如下：全钾与 *Mortierella* 和 *Chaetomium*、*Pseudogymnoascus*、*Exophiala* 显著正相关，速效磷与 *Cephalotrichum*、*Kernia*、和 *Coniochaeta* 显著负相关，与 *Plectosphaerella* 显著正相关，S-CAT 与

Solicoccozyma 显著正相关。全氮、有机质和 pH 与真菌菌属相关性均不显著。

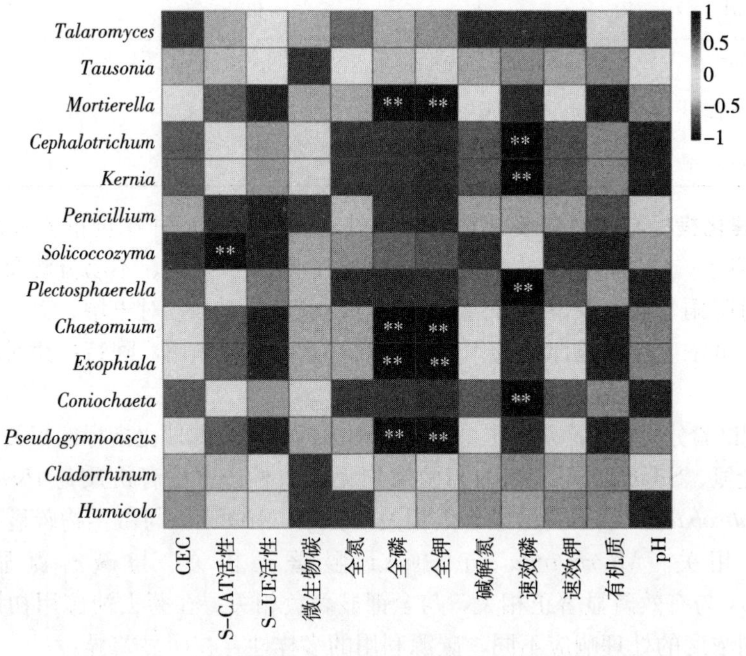

图 4-16 莠去津残留土壤真菌多样性与理化指标相关性

3. 除草剂安全有效性评价指标分级 对取样点土壤理化性质进行分析，除草剂主要是通过影响土壤 pH、有机质、CEC、微生物碳、脲酶、过氧化氢酶等指标影响耕地质量。初步提出调查区域内莠去津、乙草胺、异噁草松、氟磺胺草醚、烟嘧磺隆 5 种长残效除草剂的土壤安全有效性评价指标分级及权重。其中，微生物碳、脲酶、过氧化氢酶、pH、CEC、有机质的权重分别为 0.05～0.1、0.1～0.2、0.05～0.1、0.1～0.2、0.1～0.2 和 0.1～0.2，除草剂残留权重为 0.2。各指标分为 3 分级，分值为 40～80（表 4-5）。

表 4-5 除草剂安全有效性评价指标分值

安全有效性评价指标	分级	分值
	≥254.04	80
微生物碳（mg/kg）	200.27～254.04	60
	<200.27	40
	≥6.72	80
脲酶［mg/（kg·h）］	4.92～6.72	60
	4.32～4.92	40
	≥19.18	80
过氧化氢酶（mL/g）	17.88～19.18	60
	≤17.88	40

（续）

安全有效性评价指标	分级	分值
pH	6.5～7.5	80
	5.5～6.5 或 7.5～8.5	60
	≤5.5 或≥8.5	40
CEC［cmol（＋）/kg］	≥34.49	80
	30.05～34.39	60
	23.32～30.05	40
	≤23.32	20
有机质（g/kg）	≥43.59	80
	30.95～43.59	60
	≤30.53	40
乙草胺残留（μg/kg）	＜10	80
	10～100	60
	≥100	40
莠去津残留（μg/kg）	＜5	80
	5～100	60
	≥100	40
异噁草松残留（μg/kg）	＜60	80
	60～100	60
	＞100	40
烟嘧磺隆残留（μg/kg）	≤5	80
	3.95～26.62	60
	26.62～210.41	40
	≥210.41	20
氟磺胺草醚残留（μg/kg）	＜5	80
	5～100	60
	＞100	40

注：本节安全性评价指标代表取样点区域部分土壤，仅供其他区域参考。

第五章　农用地膜

第一节　农用地膜种类及应用现状

一、农用地膜分类

农用地膜是指直接覆盖于栽培畦或近地面的薄型农膜。一般厚度为 0.008～0.015 mm，基础树脂为聚乙烯。现代地膜已经由普通地膜发展到各种有色地膜及除草防虫等特殊地膜。

（一）普通透明地膜

普通透明地膜包括高压低密度聚乙烯地膜、低压高密度聚乙烯地膜、线性低密度地膜。

1. 高压低密度聚乙烯地膜　高压低密度聚乙烯地膜也称普通膜，是以普通高压低密度聚乙烯树脂为原料生产的一种无色透明地膜，其厚度为 0.015 mm 左右，特点是拉伸强度比较均匀，较耐老化，可以用一个生产季以上，甚至一膜多茬应用。用于蔬菜、瓜类、棉花、花生等作物，增产效果显著。

2. 低压高密度聚乙烯地膜　这种膜是以低压高密度聚乙烯树脂为生产原料，其厚度为 0.006～0.008 mm，较普通膜薄，因此也称为"微膜"或"超薄地膜"。这种膜比高压薄膜降低成本 40%～50%，虽然其纵向、横向拉伸强度有差别，使用时易出现纵向裂口，透光性和耐老化性也不如高压地膜高，但两者的使用效果相差无几，更适于小麦、玉米、甘薯等粮食作物使用。

3. 线性低密度地膜　该膜由线型低密度聚乙烯树醋（第三代树醋）制成。拉伸强度、断裂伸长率、抗穿刺性均优于高压膜。生产上用得多是由线型乙烯树醋与高压乙烯树醋混合制成的共混地膜。

总体而言，透明地膜透光能力强，增温效果好，有促进作物生长的作用。所以，在早春寒冷地区和栽培喜温作物时，都采用透明膜，其缺点是不能抑制杂草生长。

（二）特殊地膜

特殊地膜是在地膜中添加了其他物质后，使其具有保水保温作用之外，还具有如除草、避蚜等特殊作用。特殊地膜包括黑色地膜、黑白两面地膜、银黑两面地膜、绿色地膜、微孔地膜、切口地膜、银色地膜、有孔地膜、切口地膜、（化学）除草地膜、长寿膜、崩坏膜、环保型麻地膜等。

1. 黑色地膜　黑色地膜是在聚乙烯树脂中加入定量的炭黑吹塑加工而成。其厚度为 0.01～0.03 mm，能吸收大部分光线，透光率（可见光）很小，因此能有效抑制杂草生长。黑膜本身能吸收人量热量而又很少向土壤中传递，增加地温效果差，比透明膜最高地温相差 12～13℃，比不覆盖的平均只高 1～2℃，最低地温比不覆盖的也只高 2～4℃，因此适合于高温期降温栽培和低温作物栽培季节的延长，还可用于特殊栽培，如生产韭黄、蒜黄等。另外，黑膜表面的温度可高达 50～60℃，因此耐久性差，气温高时容易破裂。

2. 黑白两面地膜　黑白两面地膜是由黑色和乳白色两种地膜复合制成，由于这种地膜分别加入炭黑和 TiO_2 粉后容易老化破碎，一般厚度都增加到 0.015～0.025 mm。专用于防止地温升温过高，与透明膜相比降温 1～2℃，能防止杂草生长，适合在高温季节和杂草较多的田间使用，主要用于夏秋季蔬菜、瓜类等作物的抗热栽培。覆盖时乳白色面向上，黑色面向下。白色面向上可以增加光反射，增加株间光照量并能拒避蚜虫，防热效果好。黑色面向下，可以减少热量向地下传导，增温效果比乳白膜小而和黑膜相近，有减光、防杂草的作用。

3. 银黑两面地膜　银黑两面地膜是银灰色和黑色复合膜，厚度 0.02 mm。覆盖时银灰色面向上，蚜虫生长在叶子的反面，由于光线反射能力强，人为改变蚜虫的生活习惯，使昆虫（如蚜虫、蓟马等地面上昆虫）不敢靠近，因此有驱除蚜虫，减少毒素的功效；另外，由于反射光的存在，使生长在下面的果实也有阳光的照射，果实成熟时，增加果皮着色，使果实更加亮丽。黑色面向下，可以防止杂草的生长，主要用于夏秋季节瓜类作物的防病抗热栽培。银黑两面膜较黑白双重膜能反射更多的紫外线，驱避蚜虫的作用好，但降温效果不如黑白膜明显，适合在容易发生蚜虫和病毒的田间使用。

4. 绿色地膜　这种膜是在普通的聚乙烯树脂中加入绿色颜料吹塑而成的，其厚度为 0.02～0.03 mm。由于绿膜能过滤绿色光，植物进行光合作用所需要的红、蓝光不能透过，所以防除杂草的效果好。但容易诱集蚜虫，且易老化，增温性不如透明膜而优于黑色膜。成本高，使用期短，多用于蔬菜、瓜类、草莓等高效作物。

5. 银色地膜　这是一种在聚乙烯上涂上一层铝薄层的膜，它对各种光，特别是对紫外线的反射很强，而且使翅蚜不敢接近，故可防止或减少病毒病的发生。这种膜的反射和降低地温的作用还可用于调节高温期和促进果树着色栽培。但银色膜成本较高，使用并不普遍。而另一种银色条纹膜是在透明膜或黑色膜上按一定间隔，附有数条具有驱除蚜虫作用的银色薄膜条，可以防止蚜虫为害或感染病毒。它不仅驱蚜而且还有增温作用，因此在抗病毒病的栽培上得到广泛应用，适用于番茄、甜椒、萝卜、白菜、结球莴苣等蔬菜。

6. 有孔地膜　是在工厂生产地膜的工艺过程中按作物所要求的行株距先打好播种孔或定植孔的专用地膜。孔的大小和间距视不同作物的种植株行距而定。一般播种孔的直径为 3.5～4 cm，种植孔直径 10～15 cm。

7. 切口地膜　当条播和撒播作物很难利用塑料薄膜进行地面覆盖栽培时，在薄膜上按照一定的幅度切成带状的细小切口，即为切口膜。当作物发芽时幼芽很自然从切口处冒出在膜外进行正常生育。切口膜也有透明、半透明和黑色等类型，可根据作物种类选择使用。用于胡萝卜、萝卜、小白菜、茼蒿等蔬菜覆盖栽培，可提高产量、改进品质。

8.（化学）除草地膜　即在聚乙烯地膜的一面融入不同品种、数量的除草剂，覆盖畦面后，药剂可以溶解在附着于膜下的水滴中，水滴被土壤表面吸收后形成一定浓度的处理层，达到除草的目的。除草膜只限于一定的作物上使用，而且要求畦面平整，否则会造成药害，且使用时要注意除草膜的选择性。现有稻作杀草膜、茄科杀草膜、扑草净杀草膜等，因不同作物选用不同类型的除草膜。

9. 长寿膜 这种地膜的厚度为 0.02 mm，透光率达 85% 以上，不透水、不透气，既有很好的保温保湿作用，又可以保证光照度，也有膜中加抗老化剂、多层共挤、原料改性等技术生产的高强度膜，厚度为 0.010～0.012 mm，保温性、保水性和透光率度很好。该膜的优点是不怕紫外线或热侵蚀，在低温下亦不硬化，比一般膜牢固且耐用，适合于长期栽培，便于回收，一膜可多次利用，减少使用量，且残膜回收时可使用专用机具，提高了回收效率。缺点是损坏以后必须清理干净。

10. 崩坏膜（降解地膜） 这种地膜是覆盖栽培到一定时间后，地膜会自行崩坏破碎的膜。该膜是为了解决地膜回收的困难而研制的一种专用地膜。崩坏膜可分为光降解地膜和生物降解地膜两种。

（1）光降解地膜 光降解地膜是将光敏剂和促进剂加入地膜材料中生产的地膜，具有光敏感性，包括合成型和添加型两种。光降解地膜在光照条件下吸收一定波长的紫外光，在光降解引发剂的作用下，影响地膜的机械性能，使地膜老化变脆，碎裂成小碎片，最终实现地膜的缓慢降解。光降解地膜与普通地膜一样，具有提高地温、保水、保肥、疏松土壤、促进根系生长等多种功能，有明显的促进早熟增产增效的作用。光降解地膜应用后有相对降低和减少土壤中残膜污染、减少自然景观污染和影响耕作程度等优点，但目前尚存在着诱导期可控性差、衰变期长、遮光埋土部分降解崩坏滞后，不能与见光面降解同步，部分地膜仍然会残留在土壤中等实际问题。

（2）生物降解地膜 生物降解地膜是将生物降解聚合物作为原料生产的地膜，主要有天然生物降解聚合物（淀粉、纤维素、蛋白质、甲壳素、壳聚糖等）地膜、生物降解脂肪族聚酯（聚羟基脂肪酸酯 PHA、聚己内酯 PCL、聚乳酸 PLA、聚 PBAT 等）地膜。自然环境中，生物降解地膜在微生物作用下，最终分解为水、二氧化碳、甲烷、矿物质等对环境无毒无害的小分子，完全降解。据生物降解地膜中天然聚合物的含量可以分为添加型生物降解地膜、完全生物降解地膜、完全生物降解地膜—淀粉基降解地膜、完全生物降解地膜—纤维素生物降解地膜。

添加型生物降解地膜：指在普通塑料地膜的基础上添加一定量可生物降解的聚合物。目前添加的生物降解聚合物主要是淀粉。

完全生物降解地膜：完全生物降解地膜指可以被微生物完全分解的物质为原料制成的薄膜。比如天然聚合物像淀粉、纤维素、壳聚糖等多糖类天然材料和聚酯类物质，像聚乳酸、聚羟基丁酸酯、聚己内脂等，它们可以被环境中的微生物全部降解为 CO_2、H_2O，且没有二次污染。

完全生物降解地膜—淀粉基降解地膜：淀粉基降解地膜是将脂肪类聚酯化合物加入到以淀粉为基体的地膜材料中生产的地膜，一般加入物有：聚氯乙烯（PVC）、乙烯/丙烯酸共聚物（EAA）、聚乙烯醇（PVA）等。淀粉基降解地膜中的淀粉在土壤微生物的作用下，在降解的过程中会将整片地膜初步分解为高分子材料小碎片，随后这些具有生物降解性的高分子材料小碎片在土壤中继续降解。

完全生物降解地膜—纤维素类生物降解地膜：日本等发达国家，以天然高分子纤维素和脱乙酸基壳多糖天然高分子为原料研制成生物降解地膜，可在 2 个月内达到完全降解，因其成本较高，目前尚无地膜产品面市。

（3）光/生双降解地膜 光/生双降解地膜是一类结合了光和生物的降解作用，达到了较完全降解目的地膜，具有光降解和生物降解的协同作用，并非简单的加和。光/生双降解地膜的降解机理是生物降解剂首先被生物所降解，在这一过程中高聚物基质被削弱，高聚物母体变得疏松，从而增大了表面积和体积的比值；与此同时，在日光、热、氧、引发光敏剂、促氧化剂等物质的光氧化和自氧化作用下，高聚物的链被氧化断裂，分子量下降进而被微生物消化。因为光/生双降解地膜兼有光和生物双重降解的功能，所以，它是目前可降解地膜开发研究的重点和热门课题。我国在这方面的技术研究比较先进，降解地膜基本满足了各方面的要求。但因为这类降解地膜的主要问题是光降解和生物降解两者需要有机的结合，所以，光生物降解地膜的研究有待进一步提高。

11. 环保型麻地膜 环保型麻地膜是中国农业科学院麻类研究所研制的成果，该地膜以麻类纤维为主要原料，在不改变麻类纤维特性的情况下，采用无纺布制造工艺和特有的后整理工艺试制而成。该产品不仅具有强度较高、保温、保湿的良好效果，而且在土壤中的降解性能良好，对土壤无污染。另外，在夏季使用该地膜，还能起到缓解土壤温度上升过快的作用，同时可用机械进行铺膜，操作性强。与国内其他同类产品相比，环保型麻地膜的成本低、性能优，填补了国内的空白，具有应用推广价值，该膜也得到了日本专家的认可。

（三）农用棚膜

农膜在棚室蔬菜种植中也有着重要的作用，按生产原料可分为聚氯乙烯（PVC）棚膜、聚乙烯（PE）棚膜和乙烯醋酸乙烯共聚物（EVA）棚膜、聚烯烃（PO）棚膜、多层共挤棚膜、调光性农膜等（路志坚和袁璇，2014）。其中，聚乙烯（PE）农膜的产量占农膜总量的 80％以上，聚氯乙烯（PVC）农膜的产量占农膜总量的 10％左右，其余 10％为乙烯醋酸乙烯（EVA）农膜及其他品种。按性能特点又可分为普通棚膜、长寿棚膜、无滴棚膜、长寿无滴棚膜等。

1. 聚氯乙烯（PVC）棚膜 PVC 薄膜透光性好，新膜全光透过率达 85％以上，保湿性优良，热传导率小，拉伸强度大，抗风力强，化学稳定性好，耐酸耐碱。缺点是薄膜比重大，同样面积的大棚，其使用量比聚乙烯增加 1/3，造成成本增加；其次是低温下易变硬、脆化，高温下易软化、松弛；助剂析出后，膜面吸尘，一般使用 1 个月后透光性就很差，残膜对土壤污染大。

2. 聚乙烯（PE）棚膜 PE 棚膜质地轻、柔软、易造型、透光性好、无毒，适宜作各种棚膜、地膜，是我国当前主要的农膜品种。有 PE 耐老化（单防）、PE 耐老化流滴（双防）、PE 耐老化流滴消雾（三防）等不同的产品类型，具有良好的耐老化和流滴消雾性。其缺点是耐候性差、保温性不好、不易黏接。

3. 乙烯醋酸乙烯共聚物（EVA）棚膜 EVA 棚膜是当前使用数量较多的一种棚室塑料薄膜。该类薄膜具有超强的透光性，透光率达 92％以上；优良的流滴消雾性，流滴期为 4～6 个月；优良的保温性、防尘性和超强的耐老化性（18 个月以上），但价格较贵。

4. 聚烯烃（PO）棚膜　PO 膜是近几年发展起来的一种新型薄膜，是采用聚烯烃生产的高档功能性农膜，其透光性、持续消雾性、流滴性、保温性等在棚膜中处于领先地位，性价比较高，是最具推广前景的一类薄膜。

5. 多层共挤棚膜　多层共挤棚膜即为灌浆膜，是在 PE 膜的表面均匀涂抹流滴剂，从而达到 PE 棚膜、PVC 棚膜、E-VA 棚膜消雾流滴的功效。与无滴膜的本质区别在于其流滴剂在棚膜表面，因而消雾和流滴功能的时间完全取决于涂覆过程的控制和涂覆药剂的质量以及农膜的使用寿命。其缺陷是消雾流滴剂附着在农膜表面，外力容易破坏涂层，影响流滴效果。

6. 调光性棚膜　在 PE 树脂中加入稀土及其他功能性助剂制成的调光膜，能对光线进行选择性透过，是能充分利用太阳光能的新型覆盖材料，与其他棚膜相比，棚内增温保温效果好，作物生化效应强，对不同作物具有早熟、高产、提高营养成分等功能，稀土还能吸收紫外线，延长农膜的使用寿命。

二、农用地膜清单名录

参见表 5-1。

第二节　农用地膜的安全性分析

20 世纪 50 年代初期，农用地膜覆盖技术开始兴起，并在日本、欧美等国家迅速普及。我国从 20 世纪 70 年代开始引进地膜技术后，使用量和使用面积逐年增加。尤其在我国干旱半干旱地区，蒸发量大于降水量，土壤保水保湿度较低，地膜覆盖后有助于保水保墒，促进了农作物增产及种植面积的扩大，对节水增产和农民增收做出了巨大贡献。在南方地区，降雨充沛，影响农作物产量的主要因素是杂草和害虫，因此，南方的地膜主要用于除虫除草。

一、农用地膜利用现状

干旱和水资源短缺都是限制我国农业生产的主要因素，从 20 世纪 50 年代初开始，随着塑料工业技术的发展，为了促进农业的增产增收，一些发达国家（如日本和美国）率先在农业生产中使用塑料地膜，并很快推广应用。1978 年，地膜覆盖技术由日本引至我国，因其增温、保水等作用，显著提高了农作物产量，并扩大了作物适宜种植区，在我国干旱半干旱地区，特别是新疆、内蒙古、山东和甘肃等地取得了巨大的发展。该技术不但可以使农作物较预计成熟期提早 5～20 d，无霜期延长 10～15 d，还可以扩大部分喜温作物的种植范围，使其栽培极限向北移 2～5 个纬度，或者在海拔方向提升 500～1 000 m。可以毫不夸张地说地膜覆盖技术能够"蓄住天上水，保住地里墒，用好用活天然降水"，是一项"不推自广"的技术，对我国农业生产、粮食安全、农民增收等具有重大的作用，其已成为我国农业发展的一项革命性技术，成为继农药、化肥、种子之后的第四大农业生产物资。

表 5-1 农用地膜清单名录

序号	品类	品名	主要成分或原料	有效性	安全性	适用土壤或作物	安全性监测指标
1	普通地膜	无色透明地膜	聚氯乙烯、聚乙烯	具有增温、节水保墒、抑蒸阻盐及一定的反光作用，可达到作物增效、扩大种植范围的目的	覆膜加速土壤有机质矿化速度；残膜影响作物根系下扎，土壤水分移动受限；有微塑料残留累计	玉米、小麦、水稻等大宗粮食作物及经济作物	土壤养分、地膜残留、地膜回收率及微塑料
2	降解地膜	全生物降解农用薄膜	主要材料为 PLA、PBAT、PBSA、淀粉改性等原料	具有增温、节水保墒作用；够完全降解为二氧化碳和水；减少环境视觉污染	有降解中间产物、塑化剂和微塑料风险；草害严重	马铃薯、蔬菜、中药、玉米、洋葱等经济作物	土壤地膜残留、养分及塑化剂；地膜降解期
3		银黑双色全生物降解农用薄膜	主要材料为 PLA、PBAT、PBSA、淀粉改性等原料	具有增温、节水保墒作用；能够完全降解为二氧化碳和水；能驱避害虫、抑制杂草、减少环境视觉污染	有降解中间产物、塑化剂和微塑料风险；草害严重	马铃薯、蔬菜、中药材、玉米、洋葱等经济作物	土壤地膜残留、养分及塑化剂；地膜降解期
4		环保型降解农用薄膜	主要材料为 PLA、PBAT、PBSA、淀粉改性等原料	具有增温、节水保墒作用；降解产物为二氧化碳和腐殖质；减少环境视觉污染	有降解中间产物、塑化剂和微塑料风险；草害严重	玉米、马铃薯等大宗作物及经济作物	土壤地膜残留、养分及塑化剂；地膜降解期
5		光降解地膜	聚乙烯、光降解母粒	具有增温、节水保墒作用；见光能降解，在地表暴露部分完全降解，但地下掩埋部分不能降解	有降解中间产物、塑化剂和微塑料风险；草害严重	粮食、经济作物	土壤地膜残留、养分及塑化剂；地膜降解期
6		光生物双降解地膜	聚乙烯、光降解母粒、淀粉母粒	具有增温、节水保墒作用；地上地下均可完全降解	有降解中间产物、塑化剂和微塑料风险；草害严重	粮食、经济作物	土壤地膜残留、养分及塑化剂；地膜降解期

（续）

序号	品类	品名	主要成分或原料	有效性	安全性	适用土壤或作物	安全性监测指标
7	长寿地膜	长周期高效环保型双色农用薄膜（5年）	聚乙烯＋助剂	具有增温、节水保墒作用；促进作物根基部光合作用，抑制杂草害虫，减少人工投入，减少地膜残留	长期覆膜加速土壤有机质矿化速度；影响土壤动物和微生物群落，作物根系呼吸受阻	果树	土壤养分、地膜残留、地膜回收率及土壤微生物和动物
8		长周期高效环保型双色农用薄膜（3年）	聚乙烯＋助剂	具有增温、节水保墒作用；促进作物根基部光合作用，抑制杂草害虫，减少人工投入，减少地膜残留	长期覆膜加速土壤有机质矿化速度；影响土壤动物和微生物群落，作物根系呼吸受阻	果树、玉米等稀植作物	土壤养分、地膜残留、地膜回收率及土壤微生物和动物
9		长周期高效环保型双色农用薄膜（2年）	聚乙烯＋助剂	具有增温、节水保墒作用；促进作物根基部光合作用，抑制杂草害虫，降低成本，减少地膜残留	长期覆膜加速土壤有机质矿化速度；影响土壤动物和微生物群落，作物根系呼吸受阻	果树、玉米等稀植作物	土壤养分、地膜残留、地膜回收率及土壤微生物和动物
10		长效高标准聚乙烯农用地膜覆盖薄膜（3年）	聚乙烯＋助剂	具有增温、节水保墒作用；增产增收，防治病虫害，延长使用寿命，减少地膜残留	长期覆膜加速土壤有机质矿化速度；影响土壤动物和微生物群落，作物根系呼吸受阻	果树、玉米等稀植作物	土壤养分、地膜残留、地膜回收率及土壤微生物和动物
11		长效高标准聚乙烯农用地膜覆盖膜（2年）	聚乙烯＋助剂	具有增温、节水保墒作用；增产增收，防治病虫害，延长使用寿命，减少地膜残留	长期覆膜加速土壤有机质矿化速度；影响土壤动物和微生物群落，作物根系呼吸受阻	果树、玉米等稀植作物	土壤养分、地膜残留、地膜回收率及土壤微生物和动物
12	特殊功能地膜	银色反光地膜	聚乙烯、含铝母料、镀铝或复合铝箔制成	具有增温、节水保墒作用；反光隔热、降低地温；除草；增加果实着色	耕地质量下降、作物生长受限，微塑料残留	番茄、苹果、葡萄等	土壤养分、塑化剂及土壤微生物和动物
13		黑白双面地膜	聚乙烯	具有增温、节水保墒作用；增加地面反射，降低地温，保湿、灭草护根等	耕地质量下降、作物生长受限，微塑料残留	蔬菜、瓜类等	土壤养分、塑化剂及土壤微生物和动物

（续）

序号	品类	品名	主要成分或原料	有效性	安全性	适用土壤或作物	安全性监测指标
14		银黑双面膜	聚乙烯	具有增温、节水保墒作用；反光、避蚜、降低地温、灭草和护根	耕地质量下降、作物生长受限、微塑料残留	蔬菜、瓜类等多种作物	土壤养分、塑化剂及土壤微生物和动物
15		除草膜	聚乙烯、除草剂	有增温、增光、保墒及防病虫害及田间杂草的功能	耕地质量下降、作物生长受限、微塑料残留	马铃薯、花生、玉米及果树	土壤养分、地膜残留、地膜回收率及土壤微生物和动物
16		有孔膜	聚乙烯	通气、保温保湿、增加土壤呼吸	耕地质量下降、作物生长受限、微塑料残留	保护地蔬菜栽培	土壤养分、地膜残留、地膜回收率及土壤微生物和动物
17		反光膜	玻璃微珠、PVC、PU等高分子材料特殊加工制成	补光增温作用、增产，提高果品着色和叶片光合作用	耕地质量下降、作物生长受限、微塑料残留	苹果、桃等果园	土壤养分、地膜残留、地膜回收率及土壤微生物和动物
18	特殊功能地膜	渗水地膜	聚乙烯	增加土壤的透气性、防止膜下土壤 CO_2 含量过高、缓温调温、促进作物成熟	耕地质量下降、作物生长受限、微塑料残留	树木、马铃薯等作物	土壤养分、地膜残留、地膜回收率及微塑料
19		黑色及半黑色地膜	在聚乙烯中加2%~3%的炭黑母料	具有增温、节水保墒作用及灭草、护根抑制杂草	耕地质量下降、作物生长受限、微塑料残留	番茄、莴苣、马铃薯、圆葱、食用菌	土壤养分、地膜残留、塑化剂、地膜回收率及微塑料
20		绿色地膜	在聚乙烯中加入一定量的绿色母料	具有增温、节水保墒作用及光转化和抑制杂草作用	耕地质量下降、作物生长受限、微塑料残留	经济作物、设施栽培	土壤养分、塑化剂、地膜残留、地膜回收率及微塑料
21		银灰色地膜	在聚乙烯中加入含铝的银灰色母料	具有增温、节水保墒作用；驱避蚜虫、防病、抗热、提高烟叶品质	耕地质量下降、作物生长受限、微塑料残留	烟草、棉花、蔬菜	土壤养分、塑化剂、地膜残留、地膜回收率及微塑料

（续）

序号	品类	品名	主要成分或原料	有效性	安全性	适用土壤或作物	安全性监测指标
22	棚膜	聚乙烯（PE）棚膜	聚乙烯	增温、保湿、保墒、隔离病虫；反季节栽培；增产增收	土壤的矿化速度加快、盐渍化加重；病虫害加重	大棚栽培、所有作物	土壤养分、大棚空气湿度、温度、CO_2
23		聚氯乙烯（PVC）棚膜	聚氯乙烯	具有保温、透光和耐候性；柔软、易造型；反季节栽培；增产增收	土壤的矿化速度加快、盐渍化加重；病虫害加重	大棚栽培、所有作物	土壤养分、大棚空气湿度、温度、CO_2
24		PE防老化膜（长寿棚膜）	在PE树脂中加入紫外线阻隔剂等耐老化助剂	增温保墒、提质增效，使用时同长；反季节栽培；反季增收	土壤的矿化速度加快、盐渍化加重；病虫害加重	大棚栽培、所有作物	土壤养分、大棚空气湿度、温度、CO_2
25		无滴防老化膜（12～18月）	聚乙烯加入紫外线阻隔剂等耐老化助剂	增温保墒、提质增效，使用时同长；无雾水滴、透光强；反季节栽培；增产增收	土壤的矿化速度加快、盐渍化加重；病虫害加重	可用于温室及节能型日光温室栽培的所有作物	土壤养分、大棚空气湿度、温度、CO^2
26		PE保温棚膜	聚乙烯	增温、保湿、保墒、隔离病虫；反季节栽培；增产增收	土壤的矿化速度加快、盐渍化加重；病虫害加重	蔬菜设施栽培	土壤养分、大棚空气湿度、温度、CO_2
27		调光性衣膜	调光膜	调光、增温、保湿、隔离病虫；反季节栽培；增产增收	土壤的矿化速度加快、盐渍化加重；病虫害加重	多用于绿叶菜的设施栽培	土壤养分、大棚空气湿度、温度、CO_2
28		PE多功能复合膜	聚乙烯	增温、保湿、保墒、隔离病虫；无雾水滴、反季节栽培；增产增收	土壤的矿化速度加快、盐渍化加重；病虫害加重	蔬菜设施栽培	土壤重金属含量、养分及塑化剂
29		乙烯—醋酸乙烯共聚物（EVA）棚膜	乙烯—醋酸乙烯共聚物（EVA）	增温、保湿、保墒、隔离病虫；抗老化；反季节栽培；增产增收	土壤的矿化速度加快、盐渍化加重；病虫害加重	小型园艺设施	土壤养分、大棚空气湿度、温度、CO_2

经过 40 多年的发展，我国地膜覆盖栽培面积从 1979 年的 44 hm^2 增加至 2017 年的 1 865.72万 hm^2，使用量从 1982 年的 0.6 万 t 吨提高至 2017 年的 143.7 万 t，目前中国塑料薄膜的使用和生产量均位居世界首位。据预测，未来中国地膜年使用量和作物地膜覆盖面积将继续增加。2020 年使用量为 199.3 万 t，覆盖面积为 2 033 万 hm^2，2025 年使用量将达 227.9 万 t，覆盖面积将达 2 340 万 hm^2。

目前我国 31 个省、自治区、直辖市均已推广应用地膜覆盖种植技术，地膜覆盖能显著提高小麦、玉米、油菜等作物的产量、品质和水分利用效率，覆膜作物也由最开始单一的棉花、蔬菜等扩大到大田作物、果树、花卉及其他经济作物等，尤其是近些年来滴灌技术与覆膜种植相结合的膜下滴灌技术，在我国北方干旱地区飞跃式的发展，必将使农膜的使用量和覆膜面积持续增长并再创新高。

我国广泛使用的地膜是聚乙烯膜和聚氯乙烯膜，膜中会加入增色剂使地膜呈现不同颜色（透明、黑色、银灰色等）；加入增塑剂（如邻苯二甲醛酯类化合物）能提高地膜柔韧性、耐寒性和光稳定性。地膜主要成分聚烯烃类化合物在土壤中很难降解。为摆脱地膜污染困境，我国积极研发新型地膜，主要包括长寿地膜和可降解生物地膜。其中长寿地膜抗老化效果好，实现一膜多年应用，提高捡拾度；可降解生物地膜大多数都是以脂肪族聚酯为原料制成的，这种材料既具有可降解性、可相容性，还具有可吸收性。但是由于不同作物对降解地膜的宽度、延展性以及裂解起始期、裂解速率、降解率产品特性等需求差异较大，制约了降解地膜的推广。

二、农用地膜污染现状

我国农田长期覆盖地膜，地膜使用后往往直接弃于农田中，造成农田残膜污染，而且农用地内残留的地膜量逐年累积，造成的污染已日趋严重。目前我国长期覆膜农田的地膜残留量一般为 71.9～259.1 kg/hm^2，但各地残留情况存在差异，而西北地区最为严重。其中甘肃河西走廊连续覆膜 20 年的微垄平铺种植方式的地膜残留量达到了 402.77 kg/hm^2，甘肃陇东地区平均地膜残留量为 139 kg/hm^2；新疆石河子棉田（连续覆膜 20 年）的地膜残留量达到了 343.79 kg/hm^2；陕西地区平均地膜残留量为 110 kg/hm^2；华北平原覆膜棉区平均地膜残留量为 80.5 kg/hm^2；湖北恩施烟田平均地膜残留量为 kg/hm^2；河南等地花生种植区平均地膜残留已达到 66 kg/hm^2；北京、河北、山东等地蔬菜地膜平均残留分别达到了 48 、58 、40.5 kg/hm^2，残膜累积污染明显。

残留在农用地土壤中的地膜主要分布在耕作层，集中分布在 0～10 cm 土壤中的地膜，一般要占残留地膜量的 2/3 左右，其余则分布在 10～30 cm 的土层中，40cm 以下基本没有分布。土壤中残留地膜的大小和形态多种多样，主要受农事活动和农膜使用方式等多种方式的影响，有片状、卷缩圆筒状和球状等，它们在土壤中呈水平、垂直和倾斜状分布。地膜残片的面积差异较大，山西棉田地膜残片的面积一般在 10～15cm^2，约占地膜残留量的 74%，而在新疆地区长期应用地膜的棉区 34% 的残留地膜小于 5cm^2，华北和东北地区土壤中地膜残片较大，多在 20～50cm^2。

三、国内外现行有效的农膜利用法律法规、政策、标准

目前，国外现行有效农膜利用的相关法律法规有欧洲《农业废弃物填埋条例》和《农

业废弃物焚烧条例》，它们对废弃农膜回收处理进行了明确规定。另外，《日本废弃物处理及清扫法》在废旧地膜的回收、再利用以及循环利用方面有明确的法律条文规定。农膜使用标准主要有欧盟热塑性塑料农膜使用标准（NF EN13655：2018）和欧盟生物可降解地膜要求（EN 17033：2018）。

我国与农用地膜管理相关的法律法规和规范性文件有 10 部，其中有《农业法》、《固体废物污染环境防治法》、《清洁生产促进法》、《循环经济促进法》、《环境保护法》、《农产品质量安全法》、《土壤污染防治法》7 项法律和《农产品产地安全管理办法》、《农用地土壤环境管理办法（试行）》、《农用薄膜行业准入条件（2017 年本）》3 项部门规章和规范性文件。

同时，全国已有 21 个省份制定了农业生态环境保护条例（办法）。特别是地膜使用量较大的甘肃、新疆两省份已率先出台了《甘肃省废旧农膜回收利用条例》、《新疆维吾尔自治区农田地膜管理条例》，从专门法规层面对农用地膜的源头减量、回收处理等进行了详细规定。另外，天津、河北、山西、内蒙古、辽宁、黑龙江、江苏、安徽、福建、江西、山东、湖北、湖南、广东、广西、云南、甘肃、青海 18 个省份的农业生态环境保护条例均对农用地膜的使用和回收进行了规定。

另外，2017 年 10 月，我国新修订的强制性国家标准《聚乙烯吹塑农用地面覆盖薄膜》发布，于 2018 年 5 月 1 日起实施。

四、农用地膜对耕地质量的影响

（一）农用地膜对耕地质量的有效性

1. 农用地膜对土壤水分的影响　在干旱、半干旱地区，降水量小但蒸发量大，因此，土壤水是作物生长的主要限制因子之一。地膜对土壤水分的影响表现在以下几个方面：第一，覆盖地膜后可以提高集雨量。研究表明，当降水量为 5～15 mm 时，玉米行间覆膜的有效集雨系数由 0.5 增加到 0.8。第二，覆盖地膜可抑制土壤水分无效蒸发。地膜覆盖后土壤表面形成一层不透气的薄膜，切断了土壤水分与近地面气层间的交换通道，直接阻止了农田水分的垂直蒸发，极大地减缓了水分的蒸发速率，从而使总蒸发大幅度下降，耕层就有足够水分供给作物生长发育。我国北方的气候特点，一般是早春干旱少雨，采用地膜覆盖后，会促使深层次土壤水分运移到浅层，再加上昼夜温差导致水蒸气的液化，使得土壤表层含有较高的水分，这对促进作物早期的萌发、出苗及生长发育具有重要的意义。第三，覆盖地膜可提高土壤的水分利用效率。蒋锐等对旱地雨养农业中的玉米、小麦、马铃薯 3 种典型农作物在覆膜和不覆膜两种处理下的耗水量和水分利用效率进行研究发现，各作物覆膜处理的水分利用效率均明显高于不覆膜。这是因为覆膜作物长势更好，作物蒸腾量大，同时覆膜可以抑制土壤水分的无效蒸发，因此水分利用效率高。

2. 农用地膜土壤温度的影响　地膜覆盖一方面可以保蓄土壤的水分，使之不易散失；另一方面，由于地膜的增温作用，加强了白天膜内的水分蒸发，夜晚的降温又使气态水在地膜内表面液化成水滴落在土壤表面，促进了深层水分向耕层的运动，从而使耕层的水分保持在较高的水平。研究表明，冬小麦各生育时期，0～25 cm 的平均温度，苗期、分蘖期和越冬期覆膜均高于露地，分别提高 1.1℃、0.5℃和 0.3℃。地膜可以提高土壤温度的主要原因是其具有良好的透光性，既能使太阳光以短波辐射的方式透过薄膜，又能减少水分蒸发导致的地表热量的散失。地膜的增温作用使作物生长期有效积温大幅度增加，有效积温的增加能够促进作物的生长，缩短作物的生长周期，因此在作物熟期选择上可以适度拓宽，也能够克服低温干旱等不利条件，促进作物稳产早熟，大幅度提高作物产量，同时，还可以使部分作物的栽培范围扩大。研究还表明，土壤含水量和光照时间可影响地膜的增温效果，含水量越高，增温越明显。

3. 农用地膜对土壤养分状况的影响 土壤中氮素的矿化是有机氮经过微生物的驱动分解成简单化合物并释放出矿质养分的过程，同时也在一定程度上反映了土壤的供氮水平。赵晓东等研究覆膜对旱地麦田氮素平衡的影响时发现，平膜穴播和垄膜沟播两个处理的矿化氮均高于不覆膜处理；此外，覆膜可以降低土壤中的氮盈余。还有研究表明，地膜覆盖不仅可以降低 2 m 土层硝态氮的残留与氮素的损失，还提高了土壤中氮素的矿化程度及土壤耕层养分含量。覆膜提高了土壤温度和土壤水分，因此，微生物的生长环境得到了改善，生物活性也随之增强，有机磷的矿化及有机质的分解速度均有所加快。

（二）农用地膜对耕地质量的危害性

我国是农业大国，农田地膜覆盖面积很大，农用地膜的使用量逐年上升。农膜的使用保持了土壤水分，提高了土壤温度，增加了土壤肥力，使农作物产量大幅度提升，被誉为"农业的第二次革命"。但由于人们重利用、轻回收，导致农用地膜残留在土壤及其他环境中的量也在逐年增加。造成这种现状的原因主要是以下几个方面：一是地膜质量差。国家标准地膜厚度为 0.008 mm±0.002 mm，即地膜厚度为 0.006～1.000 mm 均可达到标准，但厚度为 0.006 mm 属于超薄地膜，超薄地膜易破碎，给残膜拣拾带来很大困难，人工清理时费时费力，但因为价格便宜，农民使用率高。二是农民的环保意识淡薄。地膜的使用者是农民，回收者更要依靠农民。但农民对残留地膜的危害性认识不足，加之残膜回收过程中资金和鼓励政策不到位，导致农民对残膜的回收没有积极性。

虽然使用地膜覆盖在改善水热条件、有机质条件等作物生长环境方面体现出了明显的优势，但对土壤生态环境也存在一定的破坏，影响了耕地的质量。目前应用广泛的地膜材料多是合成的聚乙烯或聚氯乙烯，不易分解，不透水、不透气，残膜使土壤的容重和比重增加，孔隙度和含水量降低，破坏了农田土壤的通透性及团粒结构的形成。随着土壤农膜残留量的增加，土壤团聚体逐渐降低，破坏率逐渐增大，土体抵抗雨滴的溅蚀力逐渐减弱，土粒与水的亲和力亦逐渐降低，土壤更易被径流分散和悬浮，土壤结构性能变差，土壤保水保肥性能也会变差，灌溉后土壤更易板结，通透性差，耕作困难。残膜除影响土壤容重外，还会阻碍土壤毛细管水的移动，降低了土壤水分的运移速率，且残留量和残留面积越大，对土壤水分的阻碍越明显。

五、农用地膜对生态环境质量的影响

（一）农用地膜残留对土壤生态环境的影响

农膜在土壤中自然降解的时间很长，且降解过程中还会溶出有毒物质，随着用膜年限的延长，土壤中的残膜量和有毒物质不断增加，致使土壤中有益微生物大量减少。研究表明，地膜覆盖的年限越长，土壤中的微生物数量越少，其中放线菌数量变化最为明显。另外，土壤中酶的活性也会随着地膜覆盖年限的增加而降低，造成土壤结构破坏，从而影响土壤的综合肥力。农膜残留于土壤中，土壤腐殖质分解会受到影响，土壤的通气透水性受到影响，导致土壤结构受到破坏，营养元素含量降低，保水保肥能力降低，农膜残留量越大，这种破坏性就越强。由于残膜的影响和土壤理化性状的破坏，必然造成农作物种子发芽困难，根系穿透和生长发育受阻，农作物生长发育受抑制。同时，残膜隔离作用会影响农作物正常吸收养分，影响肥料的利用效率，致使产量下降。

（二）土壤微塑料对微生物的影响

随着地膜使用量和使用年限的不断增加，地膜因无法回收再利用以及难以降解，给土壤和环境造成严重污染，地膜覆盖栽培技术已从原来的"白色革命"演变成"白色污染"。这是因为目前使用的农用地膜主要成分是聚乙烯、聚氯乙烯，这些高分子材料可在田间残留几十年不降解，连年使用导致残膜逐年累积于土壤耕层，造成土壤板结，通透性变差，根系生长受阻，后茬作物减产。残留在土壤中的农膜会分解为塑料碎片甚至是微塑料。通常把<5 mm的塑料颗粒称为微塑料。Nizzetto等估算北美和欧洲每年约11万～73万t微塑料排放到农田土壤中。土壤环境中微塑料的可能来源主要有地膜覆盖、污泥填埋、应用堆肥、灌溉和废水泛滥、汽车轮胎碎片和大气沉积，在我国西北地区，农膜覆盖量很大，农田土壤中肉眼可见的膜残片（直径>5 mm）被认为是土壤微塑料的最主要来源。

微塑料经过长期的风化、老化过程，比表面积逐步增大，疏水性增强，在土壤盐度、有机质和pH等多种因素影响下，与土壤中的重金属和有机污染物发生相互作用，引起物理化学性质的改变。土壤中微塑料含量增加会影响土壤的持水性，造成土壤板结。另外，聚集在土壤中的微塑料可能会被包裹形成土壤团聚体，这种团聚体由于缺失紫外线辐射和物理磨损作用，不会轻易降解，只有通过微生物的生物降解作用发生降解。聚合物中的碳被完全矿化后更容易停留在土壤中。

已有的研究发现微塑料能为微生物提供吸附点，微生物可以在微塑料表面形成生物膜，影响土壤微生物的生态功能，进一步改变生态系统的菌群和功能。土壤微塑料的存在可能成为其他有毒有害物质的载体，随着微塑料的迁移，会对土壤中微生物产生影响，进而改变土壤生态系统的微生物群落和生物多样性，影响土壤生态系统的健康。微塑料通过间接影响土壤微环境或直接进入土壤后，影响土壤微生物群落，微塑料中所含有的添加剂、重金属等对土壤微生物活性有抑制作用，从而影响微生物体的繁殖发育。

（三）土壤微塑料对动物及人类健康的影响

微塑料也可以与农作物和饲料发生混合，进而被家禽、家畜摄食，对摄食动物产生损害。有研究表明，微塑料经蚯蚓摄食后，进入蚯蚓体内可造成肠道损伤，影响进食和排泄。不仅如此，微塑料甚至通过食物链对人类形成潜在的环境和健康风险，人类是食物链顶端的生物，人类会因生物传递效应和生物富集效应，成为生物圈最大受害者。微塑料对农药、重金属等污染物也有吸附作用。

六、农用地膜对农产品质量的影响

残膜对农作物的出芽和生长发育开花结果等都有影响。育苗期残膜阻隔了空气和水分的运动，种子难以吸收到充分的水分萌发出芽，或者难以从残膜下破土而出导致出现烧苗现象，最终造成出芽率和成活率低。在作物生长期，作物根系的生长空间不畅通，大大减少了作物根系与土壤空间的接触面积，以至于影响到作物根系对水分和营养的吸收，抑制根系和植株的发展。同时，残膜对植物花蕾也有一定的影响。

土壤中微塑料黏附在植物根系上，会影响作物吸收水分，抑制农作物根系的发育等。有研究表明，低中浓度的微塑料对小麦种子及幼苗的生长具有明显的抑制作用，并且微塑料可以被土壤植物吸附并积累。另外，由于自然作用下的逐渐降解，微塑料中的添加剂（例如塑化剂、稳定剂等）会通过淋溶作用释放到土壤环境中，污染土壤并对植物造成危害。

七、农膜安全性、有效性监测评价的指标体系

（一）农膜安全性指标体系

农膜安全性指标体系主要有农膜厚度、不同厚度农膜的使用年限、农膜每年残留限量（或农膜回收率）、累积残留限量、农膜中邻苯二甲基酯类（塑化剂 PAE）含量（优先控制的有毒污染物分别为邻苯二甲酸二甲酯（DMP）、邻苯二甲酸二乙酯（DEP）、邻苯二甲酸二正丁酯（DnBP）、邻苯二甲酸二苄基丁基酯（BBP）、邻苯二酸二酯（DEHP）和邻苯二甲酸二正辛酯（DnOP））等。

（二）农膜有效性监测指标

农膜有效性监测指标主要有农膜使用年限、满足作物关键生育期正常生长的时间长短（对降解地膜）。

八、对农膜监测评价的建议

（一）加强宣传引导

治理"白色污染"的主体是农民，受益者也是农民，必须加强对农民的宣传教育，积极利用广播、电视、网络、横幅标语、科技下乡和田间现场会等各种形式，向农民讲解残膜对农作物生长以及生态环境的危害，提高广大农民对地膜污染危害性的认识，培养农民群众不乱丢废旧地膜的良好习惯。通过提高农民环保意识，增强农民回收残膜的自觉性。

（二）大力研发推广新型地膜替代技术

研发完善长寿命的使用技术，推广一膜多年用技术，减少地膜的使用量。研发完善可降解地膜，按照用户的要求量身定制配方，控制覆盖时间，满足覆盖时间后自动降解，降低了人工成本和对农业生产环境的污染。

（三）加强残膜回收机械研发推广

由于农用地膜应用范围和使用面积不断扩大，残留农用地膜人工回收效率低、效果差，机械回收已成为必然趋势。重点扶持农机制造企业，研究农田拾膜机械、自卸废膜设备、残膜与秸秆分离等回收机械，提高机械性能，提高地膜的回收率。

（四）加快制定回收残膜的有关经济政策

要制定一些优惠政策，以鼓励回收、加工、利用废旧地膜的企业发展，要调动他们的积极性。为了不增加政府负担，同时实行"谁污染、谁治理"的原则，应要求地膜销售企业和地膜消费者自行回收利用。不能自行回收利用的企业或个人，要交纳回收处理费，用于对回收利用者的补偿。

（五）严格执行农膜利用的法律法规、政策、标准

加强农膜利用的法律法规、政策、标准的执行力度，加强工业、工商、农业等多部门以及不同省份的联合执法，加强市场监管。对农用地膜的生产和销售管理，各地有关部门要加强宣传贯彻，农膜生产企业、销售企业、农业企业和广大农户要从保护生态环境、保持农业的可持续发展大局出发，做好适应性调整，自觉执行新标准，质监、工商等部门加大监督力度，检查农用地膜在生产、流通和使用中是否严格执行新标准，依法查处厚度≤0.008 mm 农用地膜的销售、使用行为，促进农用地膜的回收再利用。

第三节　农用地膜对耕地质量的安全性评价

我国耕地面积占全球耕地面积的 7%，但我国人口却已达到全球总人口的近 20%，人均耕地占有量少，优质耕地面积少。因此，粮食安全是我国面临的重大问题，而耕地是粮食安全中的核心问题。耕地资源安全涉及耕地数量、耕地质量和耕地生态环境 3 个方面。耕地质量安全即要求耕地种植作物的产出能力在一个较高水平上，且产出品能保持健康的质量。评价耕地质量安全的方法很多，如实地调研法、多因素综合评价法、主成分分析法、模糊数学法、层次分析法和指数和法等。但归根结底主要体现在耕地质量对农作物生长发育及耕地质量土样理化性状分析等方面。

甘肃省农业科学院的科技人员与同济大学、甘肃省农业环保总站、甘肃省各地县农业部门、有关地膜企业合作，依托有关项目，在全省各地做了大量的田间试验、土壤地膜残留和质量指标检测，经广大科技人员共同努力，对地膜的有效性、安全性、适应性作出了初步评价，取得了较好的结论，特殊案例总结如下：

一、地膜残留对北方农作物生长发育的影响

（一）武威地区不同地膜使用年限对玉米产量的影响

玉米籽粒产量随地膜使用年限的延长，地膜残留量的增加而降低，其中地膜使用年限达到 30 年时，玉米籽粒产量相比农膜使用 1 年处理会显著降低 12.07%（图 5-1）。

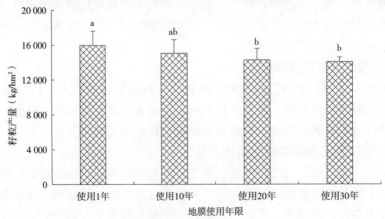

图 5-1　不同地膜使用年限对玉米产量的影响

（二）武威地区不同颜色地膜对玉米产量的影响

相比普通 PE 地膜，蓝色地膜覆盖后的玉米产量会显著提高，提高幅度达 9.28%～11.53%（图 5-2）。功能地膜覆盖种植 2 行玉米折合产量为 14 464.65 kg/hm²，较普通地膜覆盖种植 2 行玉米处理（折合产量 12 969.70 kg/hm²）增产 11.53%；功能地膜覆盖种植 3 行玉米处理折合产量为 13 555.56 kg/hm²，较普通地膜覆盖种植 3 行玉米处理（折合产量 12 404.04 kg/hm²）增产 9.28%。方差分析结果表明，功能地膜覆盖种植 2 行玉米处理与功能地膜覆盖种植 3 行玉米处理之间差异不显著，与普通地膜覆盖种植 2 行玉米处理、普通地膜覆盖种植 3 行玉米处理之间差异显著；普通地膜覆盖种植 2 行玉米处理与普通地膜覆盖种植 3 行玉米处理之间差异不显著，但与功能地膜覆盖种植 3 行玉米处理之间差异显著。

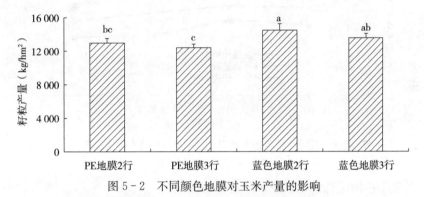

图 5-2　不同颜色地膜对玉米产量的影响

（三）武威地区不同颜色地膜对 20 cm 土层土壤温度的影响

由图 5-3 可以看出，在玉米大喇叭口期，地膜覆盖处理玉米种植行 20 cm 土层处土壤温度均低于空白行，功能地膜覆盖处理种植行的玉米行间温度高于普通地膜覆盖处理 0～1.24℃，这可能是不同颜色地膜所能透过和吸收的光波波段不同所致。

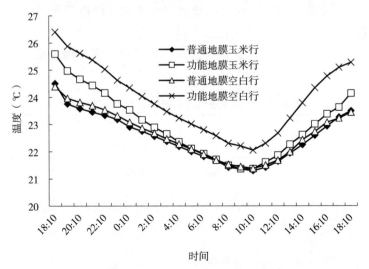

图 5-3　不同地膜覆盖对 20 cm 土层处土壤温度的影响

（卢秉林等，《甘肃农业科技》）

（四）武威地区不同颜色地膜对土壤水分的影响

由图 5-4 可以看出，在玉米大喇叭口期，2 行玉米种植方式下，功能地膜覆盖后 0~40 cm 土层的水分低于普通地膜处理 11.9~25.3 g/kg；在 3 行玉米种植方式下，功能地膜覆盖后的土壤水分低于普通地膜处理 6.5~18.2 g/kg，这可能是因为在水分测定时功能地膜覆盖处理的玉米株高和生物量均高于普通地膜，进而消耗的土壤水分高于普通地膜。说明若采用功能地膜覆盖种植玉米时，应适当缩短灌溉间隔，以免因干旱而导致减产。

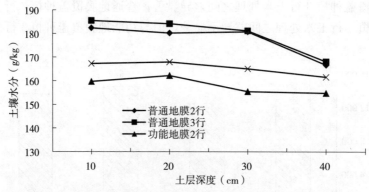

图 5-4　不同地膜覆盖处理对 0~40 cm 土层土壤水分的影响
（卢秉林等，《甘肃农业科技》）

（五）张掖市甘州区有色地膜玉米产量分析

从产量结果来看（表 5-2），单株产量黑色膜显著高于其他 3 种颜色地膜，这一结果可能与黑色地膜出苗率降低后玉米的生长密度降低，单株玉米的生境空间 增大，出现双穗的比率增高，因而黑色地膜处理的单株产量高。折合大田经济产量，蓝色膜最高，红色膜和透明膜次之，而黑色膜最低；生物产量表现出黑色膜最低，其他颜色地膜处理差异不显著，均在 37 500 kg/hm² 左右；在收获指数中双穗率高使得黑色膜的收获指数相对较高，在生物产量接近的情况下，蓝色膜由于经济产量高而收获指数位列第二，透明膜最低。根据经济产量计算出各颜色地膜相对透明地膜的增产率，黑色膜减产 9.22%，蓝色膜增产效果最好，达 9.32%，红色膜增产 2.29%。

表 5-2　不同颜色地膜处理对玉米产量的影响

处理	单株产量（g）	经济产量（kg/hm²）	生物产量（kg/hm²）	收获指数	相对增产率（%）
透明膜	277.5b	12 643.5ab	38 100.0a	0.33a	—
黑色膜	398.5a	11 476.5b	27 232.5b	0.45a	−9.22
红色膜	280.5b	12 931.5ab	37 320.0a	0.35a	2.29
蓝色膜	273.0b	13 809.0a	38 289.0a	0.37a	9.23

广河县玉米残膜试验表明，玉米生长前期（如苗期）受残膜影响明显，这是由于玉米

苗期尚不强壮，抗逆性低，受残膜影响显著；大部分指标显示，后期残膜对玉米影响逐渐减弱，各处理差异不显著，这是由于玉米变得强壮且抗逆性强，能够将残膜危害降到最低程度，使得各处理间差异不显著，部分生育期玉米的形态指标变化不明显。但残膜对玉米产量的影响比较显著，随着残膜数量的增加产量呈现下降趋势，当残膜达到 6 kg 时减产2.1%；15 kg 时减产 4.23%；30 kg 时减产 7.63%；45 kg 时减产 9.39%；60 kg 时减产达 10.76%。

会宁县不同残膜用量马铃薯试验表明，随着残膜埋入量的增加，马铃薯产量的减产幅度越大。

民勤县地膜残留量试验表明，当地膜残留量每亩达到 15~60kg 时，对玉米出苗率的影响不大。但对玉米产量而言，随着地膜残留量的增加，玉米产量呈下降趋势，在地膜残留量每亩达到 15~60 kg 时，玉米的减产量每亩达到了 153.1~243.0kg，减产幅度达到了 13.4%~19.7%。

民勤县地膜残留试验表明，与当地对照相比，当农膜残留量每亩达到 15 kg 时出苗率降低 7.3%；每亩达到 30 kg 时出苗率降低 10.4%；每亩达到 45 kg 时出苗率降低 17.7%；每亩达到 60 kg 时出苗率降低 18.8%，差异达极显著。说明随着农膜残留量的增加出苗率随之降低。当农膜残留量每亩达到 6 kg 时，产量与 CK 相比较差异不显著；每亩达 15 kg 时，产量显著降低，随着残留量的增加，减产状况越加明显，特别是残留量每亩达到 60 kg 时，与 CK 相比较减产 15.2%。地膜残留长期累积将对玉米产量造成重大影响。

永靖县连续两年的废旧农膜残留量对农作物产量的影响试验说明，2015 年降雨量（214.4 mm）少特别干旱，结果废旧农膜残留量越大农作物产量越低。2016 年降雨量（340 mm）充沛，废旧农膜残留量对农作物产量没有影响。分析认为，干旱时废旧农膜残留量越大，作物根系对水肥的吸收阻力越大，雨水难以下渗储存，造成减产。

庄浪县试验农膜残留试验结果表明，随着地膜残留量的增大，小麦、马铃薯产量均有减少的趋势。当地膜残留量每亩达 60 kg 时，马铃薯亩产减产 4.09%。

二、地膜残留对北方农田微塑料的影响

在河西走廊武威地区随机抽取 20 块农田根据土壤类型分为 3 组使用地膜的年限，即 A 组使用地膜的年限为 3~11 年（6 个场地），B 组使用胶片 13~18 年（7 个场地），C 组使用胶片拍摄 20~24 年（7 个地点），对微塑料进行了检测分析统计发现：

（一）地膜残留对土壤微塑料丰度的时空变化

在所有取样的农田中都发现了微型塑料（图 5-5）。在这些样品中，大量的塑料微粒在冬天是最高的样本在 A2，达到 239 个/kg，其次是夏季 B7 样品，达到 208 个/kg（图 5-5B）。尽管塑料微粒含量平均每组将在夏季高于冬季，没有发现显著差异（p> 0.05）。即农田样品中的微塑料在一年内变化差异不显著（图 5-5D），并且随着地膜覆盖时间的延长，微塑料增加也不显著。但 C 组的大塑料丰度显著高于 A 组和 B 组（p<0.01），这表明随着时间的推移，大塑性材料的数量增加，即长期使用地膜覆盖薄膜不会导致微塑性积聚，

但会导致农田土壤中的大塑性累积。此外，微塑料的累积量随着土壤深度的增加而减小，0～10 cm 土层与 20～30 cm 土层相比，差异达显著水平（p＜0.05），有助于观察到覆盖农田的表层土壤（0～20 cm）受微塑料污染最严重。

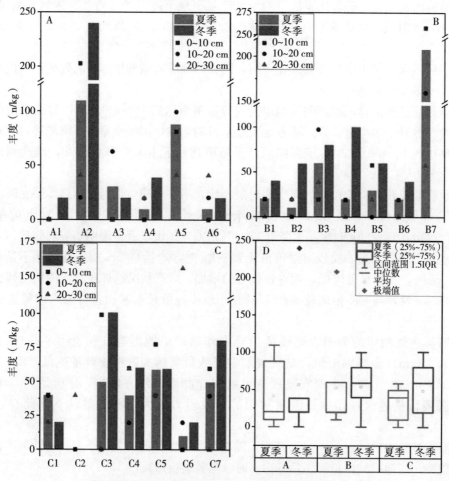

图 5-5 不同覆膜时间冬、夏季耕层土壤微塑料丰度分析

（杨占等，《Science of the Total Environment》）

注：A、B 和 C 组分别为 3～11 年、13～18 年和 20～24 年。

（二）地膜残留对土壤微塑料碎屑类型的影响

在 20 个取样的农田土壤中，识别出了 3 种微塑料形态（图 5-6A），即薄膜微塑料、纤维微塑料和碎片微塑料。即地膜是土壤中微塑料的主要来源，其他形态和类型的微塑料较少。由图 5-6 可知，A 组和 B 组浅层土壤中小于 1mm 微塑料的比例分别为 28.5% 和 31.6%，高于 C 组（17.7%）。而在 C 组中，小于 1 mm 的微塑料比例随着深度的增加而增加，说明土壤中的微塑料处于破碎状态，而浅层土壤中的小微塑料更容易受到风或水的侵蚀和向大气输送。因此，在 0～10 cm 深度的土壤中，小微塑料的比例相对较低。

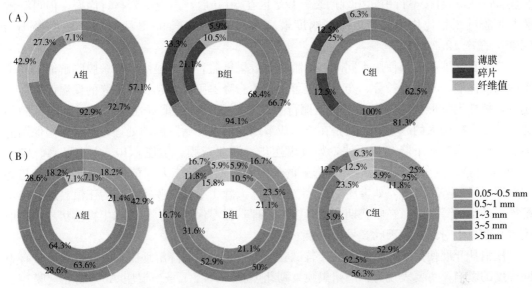

图 5-6 微塑料和大塑料在不同类群和不同深度土壤中的形状和尺寸分布

注：内环、中环和外环的深度分别为：0～10 cm、10～20 cm 和 20～30 cm。

（A）形状 （B）尺寸

三、农膜残留对北方耕地质量性状的影响

广河县残膜的隔离作用对土壤的理化性状造成不同程度的影响。随着残膜数量的增加，土壤有机质含量表现出下降趋势；土壤容重不同程度的增加；降低了土壤吸水、保水能力，使土壤的物理性能得不得充分的发挥，随着残膜数量的增加，土壤保水能力逐渐表现为降低的趋势。

从会宁县农膜残留量对土壤理化性质的影响分析来看，在添加残膜、作物收获后再进行土壤理化性质测定，土壤容重各小区均高于对照，土壤孔隙度和含水量各小区均低于对照，说明残膜的添加对土壤的物理性状造成了一定的影响；各处理土壤有机质、全氮、全磷、全钾和 pH 与对照的差异不显著，说明添加残膜对土壤的化学性状影响不显著。

民勤县地膜残留土壤理化性状表明，随着地膜残留量的增加，土壤容重和 pH 呈增加趋势，而土壤孔隙度、有机质、全氮和全钾呈下降趋势。

苏州区地膜残留土壤理化性状分析可知，农膜残留使土壤孔隙度减小、含水量下降，说明农膜残留会使土壤物理性状变差，影响土壤中水、肥、气、热等肥力因素的变化与供应状况。同时，农膜残留使土壤 pH 上升，有机质、全氮、全磷和全钾下降，造成土壤营养的恶化。

庄浪县试验农膜残留试验结果表明，土壤农膜残留量对土壤孔隙度、土壤容重影响较大，对土壤含水量影响次之，对土壤有机质、土壤全氮、土壤全磷、土壤全钾、土壤 pH 影响较小。

四、应用生物降解地膜对作物生长发育的影响

定西市安定区马铃薯降解地膜试验表明，供试降解地膜 GS01 曝晒区诱导期最短，在

覆膜 25 d 后，直接整行中间出现崩裂；栽培区在 50 d 后，出现中间整行崩裂，但可降解膜与覆膜对照相比均为减产，减产幅度最高为 GS01，减产 95.2 kg，减产幅度最小为 GS05，减产 12.9 kg。

庄浪县开展的玉米使用不同降解地膜降解效果试验，结果显示，降解膜降解能力和降解膜保温保墒、对植株长势、产量有显著正相关。降解膜降解越快，地膜的保温保墒能力越差，植株生物形状（株高、茎粗、穗行数、穗粒数、百粒重等性状）指标有降低的趋势；反之，有增大的趋势。尤其是在玉米拔节期之前就开始降解的处理，这种保温保墒能力和植株生物性状下降趋势更快，如甘肃达华、湖北蓝膜、宝庄 A10、上海弘睿、宝庄 B2 秋覆膜等；但在拔节期之后开始降解的处理则保温保墒能力和植株生物性状下降趋势与对照下降趋势不显著，如宝庄 A2、宝庄 A6、天壮 1 号秋覆膜等可作为庄浪县进一步示范推广的备选降解膜；在收获期开始降解的处理其保温保墒能力和植株生物性状与对照地膜持平或高于对照，如天壮 2 号秋覆膜。

庄浪县开展使用不同降解膜马铃薯试验结果表明，不同降解地膜均对马铃薯产量有不同程度的影响，主要表现为：广州黑膜＞湖北黑膜＞天壮 1 号＞宝庄 A6＞湖北蓝膜＞上海弘睿＞宝庄 A5＞宝庄 A4＞秸秆带状覆盖＞宝庄 A2＞露地＞宝庄 A10。10 种降解膜降解程度结果显示，湖北蓝膜、宝庄 10、宝庄 2、湖北黑膜降解程度均达到 5 级，降解最快；广州黑膜、上海宏瑞、宝庄 A6、宝庄 A5 次之，降解程度达到 4 级，天壮 1 号达到 2 级，降解最慢，宝庄 A4 未降解。

五、农膜适宜时期揭膜试验

甘谷县马铃薯适时揭膜试验表明，早春地膜马铃薯在提前 20 d 揭膜，产量最高，达 41 250 kg/hm²，比正常收获时揭膜增产 2 400 kg/hm²，单株商品个数也最多，同时，残膜回收率达 86%，效益最好，还能提前清理地里的残膜，提高劳动效率。

广河县根据调查十里墩试验点残膜量 28.8～44.25 kg/hm²，魏家咀试验点残膜量 33.6～45.15 kg/hm²，官坊试验点残膜量 31.95～48.45 kg/hm²。残膜对玉米生长发育具有一定的影响，残膜越多，玉米受影响越大。

会宁马铃薯揭膜试验表明，过早揭膜，不利于马铃薯产量的形成，揭膜越早，马铃薯减产越大。早揭膜虽然提高了残膜回收率，但造成大量减产，违背了覆膜提高产量的初衷，又浪费了劳力，得不偿失。本试验结果来看，全生育期不揭膜的产量最高，其产量结果和全生育期结束后揭膜相近，但结合残膜回收率来说，全生育期结束后揭膜是最佳揭膜适期，虽然残膜回收率降到了最低点，但是产量高，达到了覆膜增产效果，又适当的节省劳力，取得的经济效益大于残膜回收效益。

庄浪县开展的适时揭膜对玉米产量和残膜回收率的影响试验，在通化乡韩湾村，采用随机区组法设计，共设 6 个处理，3 次重复。即：处理①苗期揭膜；处理②拔节期揭膜；处理③大喇叭口期揭膜；处理④抽雄期揭膜；处理⑤成熟期揭膜；处理⑥不揭膜作为对照（CK）。结果显示，揭膜时期与各处理之间的关系，揭膜时间越早产量越低，分别比对照减产 12.24%、8.8%、8.3%、5.7%、0.4%，但残膜的回收率基本不变，综合分析在成熟期揭膜对玉米产量与残膜回收率影响最小，是最佳揭膜时期。

参 考 文 献

陈东城 . 2014. 我国农用地膜应用现状及展望 [J] . 甘蔗糖业 (4)：50-54.

褚卫红，石亚辉 . 2007. 农用地膜在农业生产中的作用、影响及对策 [J] . 内蒙古农业科技 (S1)：
    142-143.

葛曾民，赵升荣 . 1983. 地膜的种类及特性 [J] . 农业机械 (11)：17，39.

郭丽玲 . 2015. 生物降解海藻干地膜的研制及性能研究 [D] . 青岛：中国海洋大学 .

郝西，张俊，藏秀旺，等 . 2019. 河南省花生田地膜使用及残膜污染现状分析 [J] . 土壤与作物，8
    (1)：43-49.

侯军华，檀文炳，余红，等 . 2020. 土壤环境中微塑料的污染现状及其影响研究进展 [J] . 环境工程，
    38 (2)：16-27，15.

胡钰，刘代丽，王莉，等 . 2019. 发达国家农膜使用情况及回收经验 [J] . 世界农业，478 (02)：91-96.

扈瀚文，杨萍萍，薛含含，等 . 2020. 环境微塑料污染的研究进展 [J] . 合成材料老化与应用，49 (1)：
    103-108.

蒋锐，郭升，马德帝 . 2018. 旱地雨养农业覆膜体系及其土壤生态环境效应 [J] . 中国生态农业学报，
    26 (3)：317-328.

兰印超 . 2013. 不同可降解地膜的田间应用效果研究 [D] . 太原：太原理工大学 .

雷晓婷，雷金银，周丽娜，等 . 2020. 微塑料对农田土壤质量的影响研究现状与分析 [J] . 宁夏农林科
    技，61 (2)：26-28.

李菊梅，王朝辉，李生秀 . 2003. 有机质、全氮和可矿化氮在反映土壤供氮能力方面的意义 [J] . 土壤
    学报 (2)：232-238.

李治国，周静博，张丛，等 . 2015. 农田地膜污染与防治对策 [J] . 河北工业科技，32 (2)：177-182.

连加攀，沈玫玫，刘维涛 . 2019. 微塑料对小麦种子发芽及幼苗生长的影响 [J] . 农业环境科学学报，
    38 (4)：737-745.

刘庆华，王立坤，马永胜 . 2006. 行间覆膜节水技术集雨作用的研究 [J] . 东北农业大学学报，37 (3)：
    367-369.

刘文雄，王建国，牛志远，等 . 1992. 寒地玉米地膜覆盖土壤生态效应研究 [J] . 黑龙江农业科学 (1)：
    13-17.

卢秉林，包兴国，车宗贤，等 . 2013. 转蓝光长寿光转换多功能地膜对玉米生长发育的影响 [J] . 甘肃
    农业科技 (9)：10-12.

路志坚，袁璇 . 2014. 农用棚膜主要类型特点及选购技术 [J] . 上海蔬菜 (6)：102-103.

吕江南，王朝云，易永健 . 2007. 农用薄膜应用现状及可降解农膜研究进展 [J] . 中国麻业科学，29
    (3)：150-157.

马蕾，吕金良 . 2019. 我国农用地膜使用现状及回收机制研究 [J] . 农业科技通讯 (11)：19-22.

苗会文，郝丽新 . 2016. 地膜的种类、作用及应用要点 [J] . 乡村科技 (1)：41.

苗艳芳，李生秀，扶艳艳，等 . 2014. 旱地土壤铵态氮和硝态氮累积特征及其与小麦产量的关系 [J] .
    应用生态学报，25 (4)：1013-1021.

庞晓莹 . 2017. 建平县地膜使用及残留状况调查与思考 ［J］. 现代农业（7）：65-65.

蒲生彦，张颖，吕雪 . 2020. 微塑料在土壤—地下水中的环境行为及其生态毒性研究进展 ［J］. 生态毒理学报，15（1）：44-55.

汪兴汉 . 1984. 地膜的种类与性能 ［J］. 江苏农业科学（8）：44-45.

王鹏飞 . 2018. 土壤水热状况和胡麻生长对地膜及氮肥种类的响应 ［D］. 兰州：甘肃农业大学 .

王琪，马树庆，郭建平，等 . 2006. 地膜覆盖下玉米田土壤水热生态效应试验研究 ［J］. 中国农业气象，27（3）：249-251.

王星 . 2003. 可降解地膜的降解特性及其对土壤环境的影响 ［D］. 杨凌：西北农林科技大学 .

王耀林 . 1997. 乙烯—醋酸乙烯共聚物和调光性农膜 ［J］. 农村实用工程技术（2）：7-7.

尉海东，伦志磊，郭峰 . 2008. 残留农膜对土壤性状的影响 ［J］. 生态环境学报，17（5）：1853-1856.

徐鹏飞 . 2020. 土下地膜覆盖和灌水对春玉米产量形成和水分利用效率的影响 ［D］. 保定：河北农业大学 .

严昌荣，刘恩科，舒帆，等 . 2014. 我国地膜覆盖和残留污染特点与防控技术 ［J］. 农业资源与环境学报，31（2）：95-102.

袁亚华 . 2019. 普洱市地膜使用及残留状况调查与思考 ［J］. 农业科技通讯，575（11）：244-245.

苑鹤，刘玥，董红艳，等 . 2018. 我国地膜使用现状及回收再利用研究 ［J］. 现代农村科技，562（6）：103-104.

张富林，蔡金洲，吴茂前，等 . 2016. 残膜对土壤水分运移的影响 ［J］. 湖北农业科学，55（24）：6418-6420.

张建英 . 1994. 农用地膜的种类及适用范围 ［J］. 河北农业科技（3）：27-27.

张淑芳 . 2010. 小麦地膜覆盖对土壤水分和温度的影响 ［D］. 兰州：甘肃农业大学 .

赵安泽 . 1985. 地膜的种类及作用 ［J］. 山西农业科学（2）：31.

赵晓东，李廷亮，谢英荷，等 . 2018. 覆膜对旱地麦田土壤水分及氮素平衡的影响 ［J］. 生态学报（5）：1-9.

赵雪，罗乐 . 2018. 地膜残留对土壤生物环境的影响分析——以黄瓜地地膜残留土壤为例 ［J］. 乡村科技，174（6）：102-103.

郑伟，陈敬仁 . 2020. 微塑料在土壤环境中的研究进展 ［J］. 污染防治技术，33（3）：4-6，10.

Andrady A L. 2011. Microplastics in the marine environment ［J］. Marine Pollution Bulletin，62（8）：1596-1605.

Bläsing M，Amelung W. 2017. Plastics in soil：Analytical methods and possible sources ［J］. Science of the Total Environment，612：422-435.

Hurley R R，Nizzetto L. 2018. Fate and occurrence of micro（nano）plastics in soils：Knowledge gaps and possible risks ［J］. Current Opinion in Environmental Science & Health，1：6-11.

Law K L，Thompson R C. 2014. Microplastics in the seas ［J］. Science，345（6193）：144-145.

Nizzetto L，Futter M，Langaas S. 2016. Are agricultural soils dumps for microplastics of urban origin ［J］. Environmental Science & Technology，50（20）：10777-10779.

Rochman C M，Manzano C，Hentschel B T，et al. 2013. Polystyrene Plastic：A Source and Sink for Polycyclic Aromatic Hydrocarbons in the Marine Environment ［J］. Environmental Science & Technology，47（24）：13976-13984.

Rodriguez-Seijo A，Lourenço J，Rocha-Santos T A P，et al. 2016. Histopathological and molecular effects of microplastics in Eisenia andrei Bouché ［J］. Environmental Pollution，495-503.

Sharma P，Abrol V，Sankar G M. 2009. Effect of tillage and mulching management on the crop productivity and soil properties in maize-wheat rotation [J] . Research on Crops，10（3）：536-541.

Six J，Bossuyt H，Degryze S，et al. 2004. A history of research on the link between (micro) aggregates，soil biota，and soil organic matter dynamics [J] . Soil & Tillage Research，79（1）：7-31.

Wang J，Lv S H，Zhang M Y，et al. 2016. Effects of plastic film residues on occurrence of phthalates and microbial activity in soils [J] . Chemosphere，151：171-177.

Wang Y，Xie Z，Malhi S S，et al. 2009. Effects of rainfall harvesting and mulching technologies on water use efficiency and crop yield in the semi-arid Loess Plateau，China [J] . Agricultural Water Management，96（3）：374-382.

Zhan Yang，Fan Lü，Hua Zhang，et al. 2021. A neglected transport of plastic debris to cities from farmland in remote arid regions [J] . Science of the Total Environment，150982.

图书在版编目（CIP）数据

投入品对耕地质量安全性评价 / 农业农村部耕地质量监测保护中心编著 . -- 北京：中国农业出版社，2024. 10. -- ISBN 978-7-109-32217-2

Ⅰ. F323.211

中国国家版本馆 CIP 数据核字第 2024ZB4105 号

投入品对耕地质量安全性评价

TOURUPIN DUI GENGDI ZHILIANG ANQUANXING PINGJIA

中国农业出版社出版

地址：北京市朝阳区麦子店街 18 号楼

邮编：100125

策划编辑：贺志清

责任编辑：史佳丽　贺志清

版式设计：王　晨　责任校对：张雯婷

印刷：中农印务有限公司

版次：2024 年 10 月第 1 版

印次：2024 年 10 月北京第 1 次印刷

发行：新华书店北京发行所

开本：787mm×1092mm　1/16

印张：10

字数：270 千字

定价：100.00 元